空气动力学与飞行原理

主　编　高水娟　冯　秀
副主编　费维科　陆　锋
参　编　刘华根　刘子坚　张越覃　周　鑫
　　　　张　靓　秦雪良（企业）　印兴中（企业）

机械工业出版社

本书根据教育部最新颁布的职业教育专业教学标准，同时参考相应职业资格标准编写。

本书以实用性为导向，系统且全面地介绍了空气动力学与无人机飞行原理的基本知识。全书共分七个部分，主要内容包括绪论、飞行环境和气象条件对飞行的影响、空气动力学基础、固定翼无人机的飞行性能及其特性、无人直升机的飞行性能及其特性、多旋翼无人机的飞行性能及其特性、无人飞艇的飞行性能及其特性。本书内容丰富、清晰易懂、深入浅出、图文并茂。为深化学习效果，书中配有数字化资源，以二维码形式嵌入其中，方便学生理解相关知识。同时增加了"考题模拟"模块，帮助学生巩固知识点。

为便于教学，本书配套了电子教案、电子课件、教学视频等教学资源。选用本书作为教材的教师可来电（010-88379492）索取，或登录机工教育服务网（www.cmpedu.com），注册后免费下载。

本书适合作为职业院校无人机应用技术专业的教学用书，也可作为企事业单位从事无人机驾驶、装调、检测、维修等岗位工作人员的培训教材以及广大无人机爱好者的自学用书。

图书在版编目（CIP）数据

空气动力学与飞行原理 / 高水娟，冯秀主编.

北京：机械工业出版社，2025.2（2025.9重印）. -- ISBN 978-7-111-77851-6

Ⅰ．V21

中国国家版本馆 CIP 数据核字第 2025HM7570 号

机械工业出版社（北京市百万庄大街22号　邮政编码100037）

策划编辑：王莉娜　　　　　　　责任编辑：王莉娜　赵文婕
责任校对：樊钟英　李　杉　　　封面设计：王　旭
责任印制：邸　敏
北京华联印刷有限公司印刷
2025年9月第1版第3次印刷
184mm×260mm · 10.5印张 · 254千字
标准书号：ISBN 978-7-111-77851-6
定价：48.00元

电话服务　　　　　　　　　　　网络服务
客服电话：010-88361066　　　　机　工　官　网：www.cmpbook.com
　　　　　010-88379833　　　　机　工　官　博：weibo.com/cmp1952
　　　　　010-68326294　　　　金　书　网：www.golden-book.com
封底无防伪标均为盗版　　　　机工教育服务网：www.cmpedu.com

前言

为贯彻落实《习近平新时代中国特色社会主义思想进课程教材指南》《"十四五"职业教育规划教材建设实施方案》《国务院关于大力推进职业教育改革与发展的决定》等文件精神，适应低空经济、无人机产业迅猛发展对职业院校专业和课程建设的需求，我们组建了《空气动力学与飞行原理》教材编写团队。该团队开展了产业、行业、企业、院校等多方面的调研，确定了教材内容及编写分工。

本书依据无人机应用技术专业"岗"即《无人机驾驶员职业技能等级标准》（2021版）和《无人机装调检修工职业技能等级标准》（2021版）；"课"即最新专业课程标准（2025版）；"赛"即全国职业院校技能大赛——智能飞行器应用技术、全国人工智能应用技术技能大赛——飞行器人工智能技术应用赛项、中国工程机器人大赛暨国际公开赛——空中机器人项目等；"证"即民用无人驾驶航空器操控员执照的知识和技能要求编写，是一本校企合作开发的"岗课赛证"融通、工学结合教材。

本书的内容主要有以下特点。

1）在"素养目标"和"知识引入"部分融入了素质教育元素。

2）弱化理论公式推导，强化如何运用理论知识解决实际问题。

3）本书建议教学学时数为60学时。

4）增加考证试题，在教学过程中可采用引导方式，突出以学习者为主体，将理论知识的学习从传统的"老师讲"转变为学生在解决问题中"自主查找、学习和记忆"，真正实现"做中学、学中记、记中做"。

本书由南京交通职业技术学院高水娟、冯秀任主编，西安汽车职业大学费维科、南京工程学院陆锋任副主编，南宁市第四职业技术学校刘华根、金华职业技术学院刘子坚、南京航空航天大学张越覃、南京交通职业技术学院周鑫和张靓、北京中科浩电科技有限公司秦雪良及江苏无国界无人机科技有限公司印兴中参与编写。全书由冯秀负责统稿和定稿。

本书无论在编写理念、教材结构，还是呈现形式上，都有一定程度的创新。但由于作者水平有限，书中不妥之处在所难免，恳请读者批评指正。

编　者

目录

前言
第1章 绪论 ·········· 1
1.1 飞行器及其分类 ·········· 2
  1.1.1 飞行和飞行器的定义 ·········· 2
  1.1.2 飞行器的分类 ·········· 3
1.2 航空器及其分类 ·········· 4
  1.2.1 航空和航空器的定义 ·········· 4
  1.2.2 航空器的分类 ·········· 4
1.3 通用航空器及其分类 ·········· 7
  1.3.1 通用航空和通用航空器的定义 ·········· 7
  1.3.2 常见的通用航空活动 ·········· 8
  1.3.3 通用航空器的分类 ·········· 11
1.4 无人机及其分类 ·········· 11
  1.4.1 无人机的定义 ·········· 11
  1.4.2 无人机的分类 ·········· 12
  1.4.3 无人机的应用领域 ·········· 15
思考题 ·········· 20
考题模拟答案 ·········· 20

第2章 飞行环境和气象条件对飞行的影响 ·········· 21
2.1 飞行环境 ·········· 22
  2.1.1 气象要素 ·········· 23
  2.1.2 大气分层 ·········· 29
2.2 大气运动 ·········· 33
  2.2.1 水平运动 ·········· 34
  2.2.2 垂直运动 ·········· 44
  2.2.3 气象条件及其对飞行的影响 ·········· 46
2.3 气团与锋 ·········· 53
  2.3.1 气团 ·········· 53
  2.3.2 锋 ·········· 54
2.4 航空气象资料 ·········· 56
  2.4.1 地面天气图 ·········· 56
  2.4.2 卫星云图 ·········· 57
  2.4.3 航空天气预报 ·········· 61
思考题 ·········· 63
考题模拟答案 ·········· 63

第3章 空气动力学基础 ·········· 64
3.1 流体力学简介 ·········· 65
  3.1.1 流体的性质 ·········· 65
  3.1.2 流体流动的基本规律 ·········· 68
3.2 空气动力 ·········· 72
  3.2.1 运动相对性 ·········· 73
  3.2.2 升力 ·········· 73
  3.2.3 阻力 ·········· 76
  3.2.4 升阻比 ·········· 79
思考题 ·········· 80
考题模拟答案 ·········· 80

第4章 固定翼无人机的飞行性能及其特性 ·········· 81
4.1 固定翼无人机机翼 ·········· 82
  4.1.1 固定翼无人机机翼平面形状及其几何参数 ·········· 83
  4.1.2 固定翼无人机机翼剖面形状及其几何参数 ·········· 85
  4.1.3 固定翼无人机机翼的气动特性 ·········· 87
4.2 固定翼无人机坐标系 ·········· 89
  4.2.1 固定翼无人机重心 ·········· 89
  4.2.2 固定翼无人机机体坐标系 ·········· 90
4.3 固定翼无人机飞行性能 ·········· 91
  4.3.1 固定翼无人机平飞 ·········· 91
  4.3.2 固定翼无人机上升 ·········· 93
  4.3.3 固定翼无人机下降 ·········· 95
  4.3.4 固定翼无人机起飞 ·········· 96
  4.3.5 固定翼无人机着陆 ·········· 98

4.3.6 固定翼无人机机动性 ……… 99
4.4 固定翼无人机特性 ……………… 103
　　4.4.1 固定翼无人机平衡性 ……… 103
　　4.4.2 固定翼无人机稳定性 ……… 105
　　4.4.3 固定翼无人机操纵性 ……… 111
思考题 …………………………………… 113
考题模拟答案 …………………………… 113

第5章 无人直升机的飞行性能及其特性 …………………………… 114

5.1 无人直升机主旋翼 ……………… 116
　　5.1.1 无人直升机主旋翼结构 …… 116
　　5.1.2 无人直升机主旋翼上升力的产生 ……………………………… 121
5.2 无人直升机飞行性能 …………… 122
　　5.2.1 无人直升机垂直飞行 ……… 123
　　5.2.2 无人直升机平飞 …………… 123
　　5.2.3 无人直升机斜向爬升 ……… 124
　　5.2.4 无人直升机特殊飞行性能 … 125
5.3 无人直升机特性 ………………… 126
　　5.3.1 无人直升机平衡性 ………… 126
　　5.3.2 无人直升机稳定性 ………… 127
　　5.3.3 无人直升机操纵性 ………… 129
思考题 …………………………………… 132
考题模拟答案 …………………………… 132

第6章 多旋翼无人机的飞行性能及其特性 …………………………… 133

6.1 多旋翼无人机飞行性能 ………… 134
　　6.1.1 多旋翼无人机基本飞行性能 ……………………………… 134
　　6.1.2 多旋翼无人机特殊飞行性能 … 135
6.2 多旋翼无人机特性 ……………… 139
　　6.2.1 多旋翼无人机平衡性 ……… 139
　　6.2.2 多旋翼无人机稳定性 ……… 140
　　6.2.3 多旋翼无人机操纵性 ……… 140

思考题 …………………………………… 143
考题模拟答案 …………………………… 143

第7章 无人飞艇的飞行性能及其特性 …………………………… 144

7.1 无人飞艇概述 …………………… 146
　　7.1.1 无人飞艇概念 ……………… 146
　　7.1.2 无人飞艇分类 ……………… 146
7.2 现代无人飞艇结构组成 ………… 148
　　7.2.1 气囊 ………………………… 148
　　7.2.2 动力装置 …………………… 149
　　7.2.3 吊舱 ………………………… 149
　　7.2.4 尾翼 ………………………… 150
　　7.2.5 头部装置 …………………… 150
　　7.2.6 尾部装置 …………………… 150
　　7.2.7 起落架 ……………………… 150
　　7.2.8 系留装置 …………………… 151
　　7.2.9 遥控装置 …………………… 151
7.3 无人飞艇飞行原理 ……………… 151
　　7.3.1 空气静力学原理 …………… 151
　　7.3.2 浮力的影响因素 …………… 152
　　7.3.3 空气动力学原理 …………… 152
7.4 无人飞艇飞行性能和特性 ……… 153
　　7.4.1 无人飞艇飞行性能 ………… 153
　　7.4.2 无人飞艇特性 ……………… 153
　　7.4.3 无人飞艇飞行操纵 ………… 154
7.5 无人飞艇优势和弊端 …………… 156
　　7.5.1 无人飞艇优势 ……………… 156
　　7.5.2 无人飞艇弊端 ……………… 158
　　7.5.3 未来无人飞艇发展趋势 …… 158
思考题 …………………………………… 159
考题模拟答案 …………………………… 159

参考文献 ………………………………… 160

第1章 绪论

本章知识点思维导图

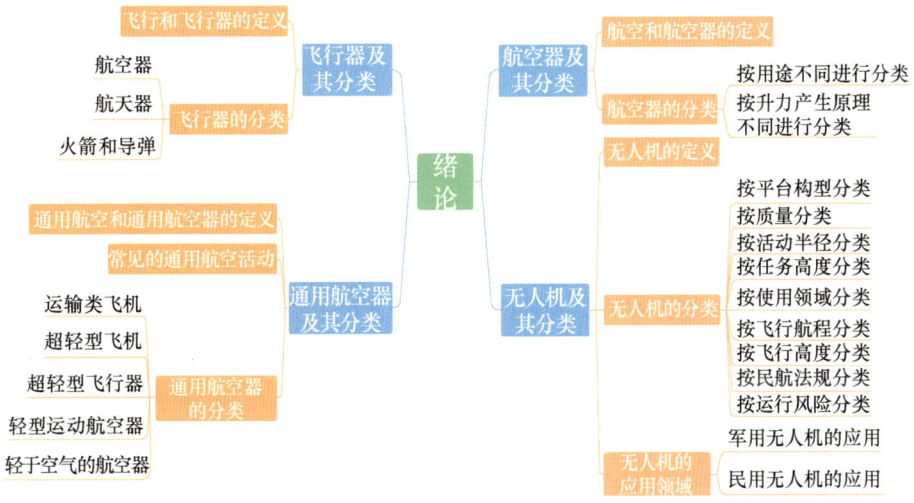

学习目标

1. 素养目标

1）激发学生的专业自信心和使命感。
2）培养学生对无人机应用技术专业的学习兴趣和积极性。
3）增强学生"安全且合法"的飞行意识。
4）培养学生的社会责任感和社会参与意识。
5）培养学生勇于奋斗、乐观向上的职业精神。
6）培养学生的团队集体意识和团队合作精神。
7）培养学生遵法守纪、崇德向善、诚实守信、热爱劳动的道德准则和行为规范。
8）增强学生的爱国情怀和民族自豪感。

2. 能力目标

1）具有严谨的推断能力和总结归纳能力。
2）具有举一反三和缜密的思考能力。
3）具有探究学习和终身学习的意识。

4）具有分析问题和解决问题的能力。
5）具有良好的语言表达和沟通能力。
6）具有查阅与使用相关专业资料和相关标准文件的能力。

3. 知识目标

1）掌握飞行和飞行器的定义。
2）掌握飞行器的分类。
3）了解航空和航天在概念上的区别。
4）掌握航空器和航天器的定义。
5）掌握航空器的分类。
6）掌握通用航空和通用航空器的定义。
7）掌握通用航空器的分类。
8）了解常见的通用航空活动。
9）掌握无人机相关概念。
10）掌握无人机的分类。
11）了解无人机行业应用。

知识引入

人类的进步与其创造性的想象是分不开的。在古代神话故事里就有上天入地、移山填海、嫦娥奔月等传说，如今随着我国科学技术的发展，这些想象也都变成了现实。人类在远古的生活中受鸟类和昆虫的启发，渴望能在空中自由地翱翔。春秋战国时期，墨翟花费三年的时间研制了木鸢，是世界上最早的风筝，距今已有2400年。在《墨子鲁问》中记载，鲁班根据墨翟的想象和设计，用竹子做成风筝，能在天空飞翔三天而不落地，这就是最早的无人飞行器——木鹊。相传在三国时期，诸葛孔明发明了孔明灯，它被视作现代热气球的雏形。

由此可见，我们的祖先对天空的向往可以追溯到古代文明时期，这种向往不仅体现在神话传说中，也反映在古代的发明创造上。同时，他们的想象力、创造力及勇气不断激励着后人。青年强，则国家强。我国当代青年生逢其时，施展才干的舞台无比广阔，实现梦想的前景无比光明。新时代的广大青年肩负着神圣的历史使命和时代责任，要怀抱梦想又脚踏实地，敢想敢为又善作善成，立志做有理想、敢担当、能吃苦、肯奋斗的新时代好青年，让青春在全面建设社会主义现代化国家的火热实践中绽放绚丽之花。

1.1 飞行器及其分类

1.1.1 飞行和飞行器的定义

1. 飞行
飞行是指物体在空中航行。

2. 飞行器
飞行器是指在空中飞行的器械。

1.1.2 飞行器的分类

按照飞行环境和飞行原理的不同，可将飞行器分为航空器、航天器、火箭和导弹三种类型，如图1-1所示。

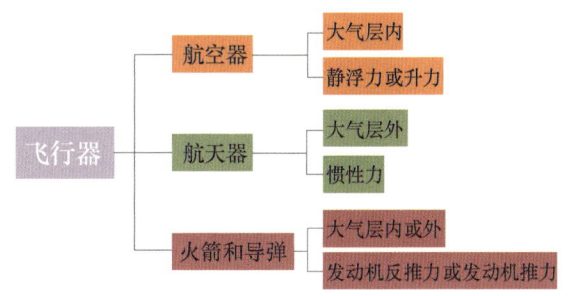

图1-1 飞行器的分类

1. 航空器

航空器是指在大气层内飞行的飞行器，它们主要靠空气的静浮力或与空气相对运动产生的升力升空飞行，如热气球（图1-2a）、飞艇（图1-2b）、飞机（图1-2c）等。

a) 热气球　　　　　　　　　b) 飞艇　　　　　　　　　c) 飞机

图1-2 航空器

2. 航天器

航天器是指主要在大气层外空间飞行的飞行器，它们首先在运载火箭的推动下获得必要的速度进入大气层外空间，然后依靠惯性做类似于天体的轨道运动，如人造地球卫星（图1-3a）、载人飞船（图1-3b）、空间探测器（图1-3c）等。

a) 人造地球卫星　　　　　　　b) 载人飞船　　　　　　　c) 空间探测器

图1-3 航天器

3. 火箭和导弹

火箭和导弹是指可以在大气层内或大气层外飞行的飞行器，火箭（图1-4）升空的动力源于火箭通过燃烧燃料产生高温高压的气体，这些气体从火箭的喷口高速喷出，产生一个向后的推力，根据牛顿第三定律（即作用力与反作用力定律），火箭也会受到一个大小相等但方向相反的推力，从而推动火箭向前升空。这个过程通常被称为反作用推进。

导弹（图1-5）升空的动力源自于自身的推进系统，主要通过火箭发动机或喷气发动机产生推力。

图1-4　火箭

图1-5　导弹

1.2　航空器及其分类

1.2.1　航空和航空器的定义

1. 航空

航空指飞行器在地球大气层（空气空间）中的飞行（航行）活动。

2. 航空器

能在大气层内进行可控飞行的飞行器被称为航空器。航空器主要依靠空气的静浮力或与空气相对运动产生的升力升空飞行。

考题模拟

1. 航空是指载人或不载人的飞行器在地球（　　）的航行活动。
   A. 高空　　　　B. 大气层内　　　　C. 宇宙　　　　D. 大气层外

1.2.2　航空器的分类

每种航空器必须产生一个大于自身重力的向上的力（升力），才能升空。根据产生升力的基本原理的不同，可将航空器分为轻于空气的航空器（依靠空气静浮力升空）和重于空气的航空器（依靠与空气相对运动产生的升力升空）两大类，再按照结构特点把这两类航空器进一步细分，如图1-6所示。

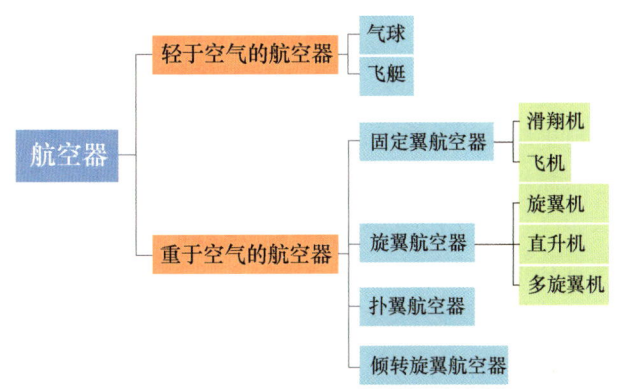

图 1-6 航空器的分类

1. 轻于空气的航空器

轻于空气的航空器的主要结构是气囊，在其中充以密度比空气小得多的气体（如热空气、氢或氦），利用大气的浮力使航空器升空。热气球（图 1-2a）和飞艇（图 1-2b）都是轻于空气的航空器，二者的主要区别是热气球没有动力装置，其水平移动完全依赖于风向和风速，升空后只能随风飘动，或者被系留在某一固定位置上；飞艇不仅有发动机，而且还有安定面和操纵面，可以控制飞行方向和路线。这类航空器主要用于气象、体育、休闲运动等领域。

 考题模拟

2. 轻于空气的航空器靠（　　）升空。
A. 与空气相对运动产生升力　B. 推力　C. 空气的静浮力　D. 拉力

2. 重于空气的航空器

重于空气的航空器的升力是由其自身与空气相对运动产生的。根据结构的不同，可将这类航空器分为固定翼、旋翼、扑翼和倾转旋翼四种类型。

（1）固定翼航空器　固定翼航空器主要由固定的机翼产生升力。最早出现的固定翼航空器是滑翔机，一般滑翔机没有动力装置，可从高坡上下滑或由飞机拖曳、绞盘车或汽车牵引起飞，在下滑飞行中依靠自身重力的分量获得前进动力，由于受到空气阻力的作用，滑翔机不会飞得太远和太久。为了让其飞得又远又久，滑翔机的机翼一般制成细长的，如图 1-7 所示。后来虽然出现了动力滑翔机（装有小型发动机），但其发动机主要用来在滑翔飞行前获得初始高度。滑翔机主要用于体育运动，如训练、表演和竞赛。

常见且被广泛应用的固定翼航空器是飞机（图 1-2c）。与滑翔机的主要区别在于飞机装有提供拉力或推力的动力装置（发动机）。

（2）旋翼航空器　旋翼航空器主要由旋

图 1-7 滑翔机

转的机翼产生升力。依据结构的不同，可将旋翼航空器分为旋翼机（图1-8）、直升机（图1-9）和多旋翼机（图1-10）三种类型。最早出现的旋翼航空器是旋翼机，是一种介于飞机和直升机之间的航空器。在外观上，它与直升机相似，有主旋翼，但它的主旋翼一般不是由动力装置驱动，而是在前进时利用气流吹动旋翼旋转而产生升力，不能垂直起飞或悬停。此外，旋翼机没有尾桨，其靠尾翼控制飞行，如图1-8所示。旋翼机一般用于科学研究和体育活动，由于旋翼阻力大，飞行速度在300km/h以下，因而其发展速度较慢，但其促使了直升机的发展。旋翼机和直升机的主旋翼一般有1个或2个，而多旋翼机的旋翼至少为3个。

图1-8　旋翼机

图1-9　直升机

（3）扑翼航空器　扑翼航空器是参考鸟或昆虫翅膀的扑动进行仿生设计出的翼面，并依靠其产生升力和拉力的航空器，又称振翼航空器，如图1-11所示。但是限于人们对鸟类翅膀的运动结构还没有完全掌握，加之制造类似鸟翅膀扑动的翼面还有许多技术上的困难，实用性价值较强的扑翼航空器的研发空间仍然很大。

图1-10　多旋翼机

图1-11　扑翼航空器

（4）倾转旋翼航空器　倾转旋翼航空器是在机翼两侧翼梢处各安装一套可变向的旋翼推进系统的航空器。当倾转旋翼垂直向上时，类似于横列式直升机（图1-12a），可完成垂

a）垂直旋翼

b）水平旋翼

图1-12　倾转旋翼航空器

直起降、悬停、低速空中盘旋等直升机的飞行动作；当倾转旋翼水平向前时，类似于固定翼飞机（图1-12b），能够以比直升机更快的航速实现巡航。因此，倾转旋翼航空器兼具直升机和固定翼飞机的优点，应用前景广泛。

 考题模拟

3.（　　）不属于旋翼航空器。
A. 滑翔机　B. 直升机　C. 旋翼机　D. 多旋翼机

依据使用领域的不同，还可以把航空器分为军用航空器和民用航空器。涂有国籍和军用标志且由军人驾驶的、属于国家武装力量组成部分的航空器称为军用航空器；将用于执行军事、海关、警察飞行任务之外的航空器称为民用航空器。第二次世界大战之后，民用航空器得到了迅速发展，成为重要的交通运输工具。

根据所属部门的不同，(中华人民共和国交通运输部) 将民用航空器分为公共航空器和通用航空器。公共航空器是指按照航班时刻表在固定航线飞行，主要承担旅客或货物运输的民用航空器；通用航空是指使用民用航空器从事公共航空运输以外的民用航空活动，包括从事工业、农业、林业、渔业和建筑业的作业飞行以及医疗卫生、抢险救灾、气象探测、海洋监测、科学实验、教育训练、文化体育等方面的飞行活动。在1986年之前，我国将通用航空称为"专业飞行"。1986年，国务院颁布《国务院关于通用航空管理的暂行规定》，正式将"专业飞行"改名为"通用航空"。

 考题模拟

4. 根据不同的飞行目的，民用航空分为公共航空和（　　）两大类。
A. 商务航空　B. 军用航空　C. 专业航空　D. 通用航空

1.3 通用航空器及其分类

1.3.1 通用航空和通用航空器的定义

1. 通用航空的定义

按照我国现行文件，关于通用航空的定义主要有以下三种。

1）在由中华人民共和国国务院、中央军事委员会发布的《通用航空飞行管制条例》(2003年) 中，通用航空是指除军事、警务、海关缉私飞行和公共航空运输飞行以外的航空活动，包括从事工业、农业、林业、渔业、矿业、建筑业的作业飞行和医疗卫生、抢险救灾、气象探测、海洋监测、科学实验、遥感测绘、教育训练、文化体育、旅游观光等方面的飞行活动。

2）在中华人民共和国民用航空行业标准《通用航空术语》(2012年) 中，通用航空是指除军事、警务、海关缉私飞行和公共航空运输飞行以外的航空活动。

3）在《中华人民共和国民用航空法》(2021年) 中，通用航空是指使用民用航空器从事公共航空运输以外的民用航空活动，包括从事工业、农业、林业、渔业和建筑业的作业飞行以及医疗卫生、抢险救灾、气象探测、海洋监测、科学实验、教育训练、文化体育等方面的飞行活动。

通用航空的特点是飞行比较灵活，时间、航线都不固定。

2. 通用航空器的定义

在《通用航空术语》中，通用航空器是指用于除军事、警务、海关缉私飞行和公共航空运输飞行以外航空活动的民用航空器。因此，通用航空器是指从事工业、农业、林业、渔业、矿业、建筑业的作业飞行和医疗卫生、抢险救灾、气象探测、海洋监测、科学试验、遥感测绘、教育训练、文化体育、旅游观光等方面的飞行活动所用的航空器。

1.3.2 常见的通用航空活动

通用航空活动包括的内容非常多，依据《通用航空术语》（MH/T 1039—2011），下面主要介绍常见的10种通用航空活动。

1. 航空摄影

航空摄影简称航拍，是指在通用航空器（飞机、直升机、热气球、无人机等）上搭载拍摄设备（摄影机、摄像机、照相机等）从空中拍摄影像资料的飞行活动。所得图像或视频为俯视图或俯视角视频即空照图或视频，如图1-13所示。航拍图像或视频除了作为摄影艺术作品用于影视制作、新闻报道、比赛转播之外，也可以用于军事领域、交通建设、水利工程、生态研究、城市规划等方面。2010年，随着无人机的普及，越来越多的专业人士和业余爱好者开始从事航拍活动，如"航拍中国"项目。

2. 航空摄影测量

航空摄影测量简称航测，是指在通用航空器上用航摄仪器（航空摄影仪、多光谱扫描仪、成像光谱仪、合成孔径侧视雷达等）从空中有规律地对地面或地面上的物体进行连续拍摄，结合地面控制点测量、调绘和立体测绘等步骤，绘制出地形图或确定物体外形、状态和几何位置的飞行作业，如图1-14所示。随着科学技术的发展，航测因具有成图快、精度好、成本低、效率高等优点而被广泛应用于建筑、地质、考古、城市规划等方面。

图1-13　航拍南京美龄宫图像

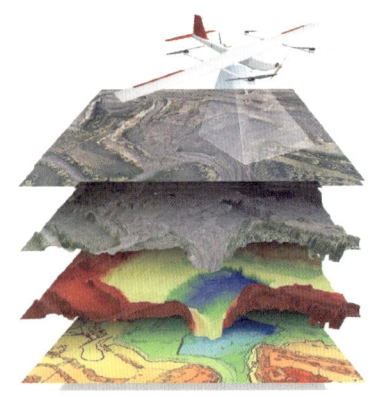

图1-14　航测

3. 空中巡检

空中巡检是指使用通用航空器及专用设备按预先设定的区域从空中对被监测目标进行巡察的航空作业,如图1-15所示。目前,空中巡检主要用于河道、公路、铁路、输电线路、运输管道等的巡查与监测。

4. 航空喷洒(撒)

航空喷洒(撒)是指使用通用航空器及专用喷洒(撒)设备,从空中向地

图1-15 河道巡检

面目标区域喷(撒)液态或固态物料的航空作业,如图1-16所示。航空喷洒(撒)主要有空中施肥、空中喷洒植物生长调节剂、空中除草、防治农林业病虫害、草原灭鼠、防治卫生害虫等项目,用于农林牧业等生产中。

5. 航空物探

航空物探是航空地球物理勘探的简称,也称航空地质调查,是使用装有专用探测仪器的通用航空器从空中测量地球各种物理场(磁场、电磁场、重力场、放射性场等)的变化,以了解地下地质情况和矿藏分布状况的航空作业,如图1-17所示。航空物探具有速度快、效率高、信息量大、成本低等优点,其在找矿、农业土壤肥力检测、农林可持续发展等方面发挥着重要的作用。航空物探的主要缺点是对一些异常值较小的异常体反映不够清晰,分辨能力较差;对异常体的定位精度不够高,通常需要地面物探进行补充和验证。

图1-16 航空喷洒

图1-17 航空物探

6. 航空护林

航空护林是指利用通用航空器保护森林资源的飞行作业。其范围主要包括林区巡逻、火情侦察、机降灭火(图1-18)、林区照相、资源勘探、森林病虫害防治、野生动物保护以及火烧迹地播种造林等。航空护林具有机动灵活、快速高效等优点,是保护森林资源强有力的措施。

7. 空中海洋监测

空中海洋监测是指使用通用航空器（如直升机、舰载飞机、无人机）及专用设备进行海上监测的飞行活动。其主要包括对海洋气象、海洋鱼群、海洋生物、海洋环境以及海上船只的航运事故进行监测，并及时向有关部门提供信息资料，如图1-19所示。

图1-18　机降灭火

图1-19　海洋监测系统

8. 航空应急救援

航空应急救援是指使用通用航空器及专用设备实施应急救援的飞行作业，如图1-20所示。其具有机动速度快、监控范围大、威慑力强、受地面交通条件影响小等显著优势，是组织救援、抢险、拯救生命及时且有效的方法，已经成为应急救援体系的重要组成部分。

9. 空中游览

空中游览是指使用通用航空器（飞机、直升机、飞艇、热气球、滑翔伞）搭载游客在特定地域（风景名胜区及城市）上空进行观赏、游乐和特技体验的飞行活动，如图1-21所示。开展空中游览需要使用小型轻便的、平稳安全的、适于超低空慢速飞行的航空器。游客搭乘航空器离开地面在空中鸟瞰，能将秀丽的风景和美丽的城市全貌尽收眼底。

图1-20　航空应急救援

10. 空中广告

空中广告是使用通用航空器进行广告宣传的飞行活动，如图1-22所示。其主要有热气

图1-21　空中游览

图1-22　空中广告

球广告、飞艇广告、飞机广告、空中吊篮广告和激光广告，具有注目范围广、广告内容简单、印象深刻、效果强烈等优点，但其极易受天气和地理条件的影响，广告效应的重复性差，出现频率不能固定且费用昂贵，因此普及性不强。

1.3.3 通用航空器的分类

通用航空器又称通用航空飞行器（General Aviation Aircraft），是目前世界上数量最多、种类最多、用途最广泛的一类航空器。可按使用领域和对驾驶员的技术要求对通用航空器进行分类。

（1）按使用领域分类 可将通用航空器分为公务航空器、农林航空器、救护航空器、教练航空器及其他航空器。

（2）按对驾驶员的技术要求分类 可将通用航空器分为个人航空器、公务航空器及行政航空。

通用航空器相关分类和适航要求见表1-1。

表1-1 通用航空器的相关分类及适航要求

分类	适航要求
运输类飞机	CCAR-25
超轻型飞行器	CCAR-91（无适航审定要求）
超轻型飞机	AC-21-06
轻型运动航空器（轻型运动飞机、滑翔机、旋翼机、轻于空气航空器）	AC-21-AA-2009-25
甚轻型飞机	AC-21-AA-2009-05R1
滑翔机	AC-21-AA-2009-07R1
初级类航空器	CCAR-21.24
正常类/实用类/特技类/通勤类飞机	CCAR-23R3
正常类旋翼航空器	CCAR-27R1
运输类旋翼航空器	CCAR-29R1
轻于空气的航空器（气球）	CCAR-31
轻于空气的航空器（气艇）	AC-21-AA-2009-09R1

1.4 无人机及其分类

1.4.1 无人机的定义

无人机也称无人机驾驶航空器（Unmanned Aerial Vehicle，UAV），是由控制站管理（包括远程操纵或自主飞行）的航空器。

无人机系统也称无人驾驶航空器系统（Unmanned Aerial Vehicle System，UAVS），是由无人机、相关控制站、所需的指令与控制数据链路以及批准的型号设计规定的任何其他部件组成的系统，如图 1-23 所示。

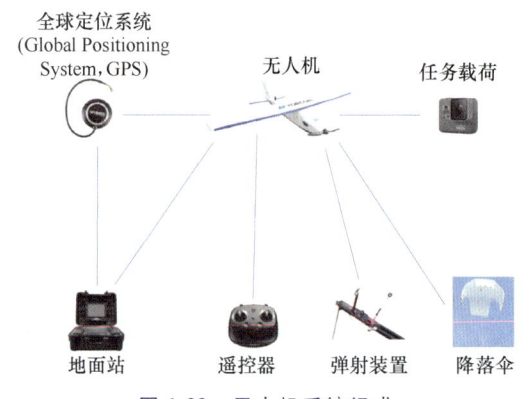

图 1-23 无人机系统组成

考题模拟

5. 无人机的英文缩写是（　　）。
   A. UVS　　　　B. UAS　　　　C. UAV　　　　D. UVA
6. 下列选项中不属于无人机系统的是（　　）。
   A. 飞行器平台　　B. 驾驶员　　C. 导航飞控系统　　D. 地面站

1.4.2 无人机的分类

无人机种类繁多，常用分类方法有平台构型、质量、活动半径、任务高度和使用领域五种。

1. 按平台构型分类

根据平台构型的不同，可将无人机分为固定翼无人机、旋翼无人机、伞翼无人机、扑翼无人机和无人飞艇等，如图 1-24 所示。由于无人机属于航空器，因此其分类与航空器的分类非常类似。

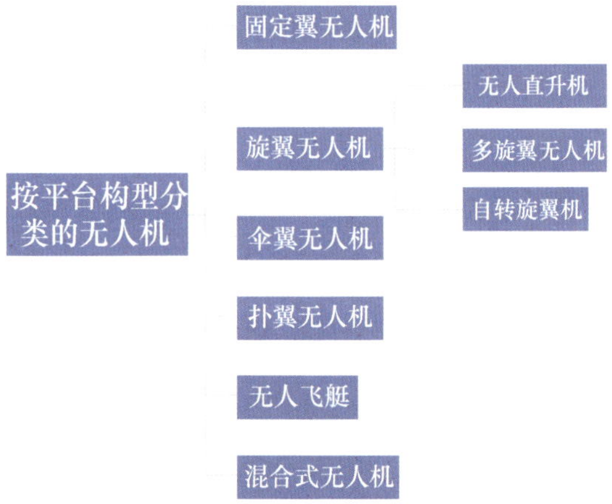

常用的无人机飞行平台有固定翼无人机、无人直升机和多旋翼无人机。

（1）固定翼无人机　固定翼无人机是指由动力装置产生前进的推力或拉力，由固定在机身上的机翼产生升力，在大气层内飞行的重于空气的无人机，如图 1-25 所示。

固定翼无人机的特点：载荷大、续航时间长、航程远、飞行速度快、飞行高度高，但起降受场地限制、无法悬停。

（2）无人直升机　无人直升机是指依靠动力系统驱动一个或两个旋翼产生升力

图 1-24 按平台构型分类的无人机

和推进力，实现垂直起落及悬停、前飞、后飞、定点回转等可控飞行的无人机，如图 1-26 所示。

无人直升机的特点：可垂直起降、可悬停，操作灵活，但结构复杂。

图 1-25　固定翼无人机

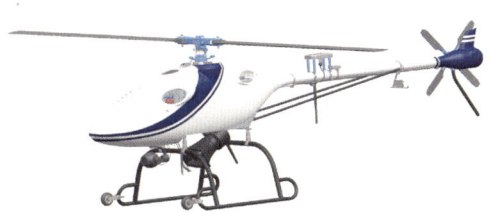

图 1-26　无人直升机

（3）多旋翼无人机　多旋翼无人机是指具有三个及以上旋翼，通过与空气的相对运动产生反作用力，从而获得升力和推进力的可垂直起降的无人机。常用的多旋翼无人机有四旋翼无人机（图 1-10）、六旋翼无人机（图 1-27）和八旋翼无人机（图 1-28）。

图 1-27　六旋翼无人机

图 1-28　八旋翼无人机

多旋翼无人机的特点：结构简单、价格低廉、操作灵活，可向任意方向飞行，但任务设备较小、续航时间较短。

2. 按质量分类

依据《无人驾驶航空器飞行管理暂行条例》（国令第 761 号），按质量的不同将无人机分为微型、轻型、小型、中型以及大型，见表 1-2。

表 1-2　按质量的不同将无人机进行分类

名称	空机质量 $m_空$/kg	最大起飞重量 $m_起$/kg
微型无人机	$m_空 \leq 0.25$	
轻型无人机	$m_空 \leq 4$	$m_起 \leq 7$
小型无人机	$4 < m_空 \leq 15$	$7 < m_起 \leq 25$
中型无人机	$15 < m_空 \leq 150$	
大型无人机	$m_空 > 150$	

注：1. 微型无人机的最大飞行真高 $\leq$ 50m，最大平飞速度 $\leq$ 40km/h；
　　2. 轻型无人机的最大平飞速度 $\leq$ 100km/h。

依据无人机空机重量和起飞全重，把适用于《特定类无人机试运行管理规程（暂行）》

的无人机分为九种，见表1-3。

表 1-3　按无人机空机重量和起飞重量的不同对无人机进行分类

分类	空机重量 W/kg	起飞重量 W/kg
Ⅰ	0<W≤1.5	
Ⅱ	1.5<W≤4	1.5<W≤7
Ⅲ	4<W≤15	7<W≤25
Ⅳ	15<W≤116	25<W≤150
Ⅴ	植保类无人机	
Ⅵ	无人飞艇	
Ⅶ	超视距运行的Ⅰ、Ⅱ类无人机	
Ⅷ	116<W≤5700	150<W≤5700
Ⅸ	W>5700	

考题模拟

7. 小型无人机是指空机重量不超过（　　）kg 的无人机，微型和轻型无人机除外。
A. 0.25　　　　B. 4　　　　C. 7　　　　D. 15

8. Ⅲ类无人机的空机重量为（　　）kg，起飞重量为（　　）kg。
A. ≤1.5，≤1.7　　B. 1.5~4，1.5~9　　C. 4~15，7~25　　D. 15~116，25~150

3. 按活动半径分类

航程是指无人机在起飞后中途不加油（或不更换电池）能够飞越的距离。它是无人机的重要性能指标。而活动半径是指25%~40%的航程。按活动半径的不同，可把无人机分为超近程、近程、短程、中程和远程无人机五种类型，见表1-4。

表 1-4　按活动半径的不同对无人机进行分类

名称	活动半径 r/km	名称	活动半径 r/km
超近程无人机	r≤15	中程无人机	200<r≤800
近程无人机	15<r≤50	远程无人机	r>800
短程无人机	50<r≤200		

考题模拟

9. 近程无人机的活动半径范围（　　）。
A. 不超过15km　　B. 为15~50km　　C. 为50~200km　　D. 为200~800km

4. 按任务高度分类

根据无人机执行任务高度的不同，可把无人机分为超低空、低空、中空、高空、超高空无人机，见表1-5。

表 1-5 按任务高度的不同对无人机进行分类

名称	任务高度 h/m	名称	任务高度 h/m
超低空无人机	$h \leq 100$	高空无人机	$7000 < h \leq 18000$
低空无人机	$100 < h \leq 1000$	超高空无人机	$h > 18000$
中空无人机	$1000 < h \leq 7000$		

 考题模拟

10. 任务高度范围为 0~100m 的无人机为（　　）。
A. 超低空无人机　B. 低空无人机　C. 中空无人机　D. 高空无人机

5. 按使用领域分类

按使用领域的不同，可把无人机分为军用无人机和民用无人机。

（1）军用无人机　军用无人机对于灵敏度、飞行高度与速度智能化等要求最高，也是技术水平最高的无人机。根据航程、活动半径、续航时间和飞行高度的不同，可把军用无人机分为战术和战略两大类；根据作战任务的不同，可把军用无人机分为侦察监视、校射、电子战、通信中继、攻击、运输和靶机等七类。

（2）民用无人机　民用无人机一般对于速度、升限和航程等要求较低，但对人员操作培训和综合成本有较高的要求，因此需要配套经济性好的零部件和售后服务。民用无人机主要用于地质勘查、地形测绘、农作物病虫害防治、农作物产量评估、森林防火、汛情监视、交通管制、气象监测等方面。目前，民用无人机最大的市场还在于为政府提供公共服务，约占总需求的 70%。未来，无人机发展潜力最大的市场应在民用领域，诸如农业植保、空中无线网络以及数据获取等。

按主要用途的不同，可将民用无人机分为消费级和专业级两大类。

1）消费级无人机。相对来说对消费级无人机的技术要求较低，其具有便携、易操作且价格相对低廉的特点，主要用于个人高清航拍。

2）专业级无人机。一般要求无人机具有一定的防护措施，以降低意外带来的自身损害和连带伤害，要拥有尽量长的航时、尽量远的通信距离，还要求有足够的可靠性来满足长年累月的重复使用。专业级无人机主要应用于农林植保、电力巡检、地理测绘、安防监控、应急消防、快递物流等领域。其中，农林植保、电力巡检、地理测绘三者应用专业级无人机的市场规模占比超过 70%。另外，近年来，我国的无人机在地理测绘领域发展迅速，地理测绘市场发展成为推动国内民用无人机市场增长的重要支撑。

1.4.3 无人机的应用领域

1. 军用无人机的应用

由于无人机在执行任务时具有工作时间长、机动能力强、操作简单、成本低、低空分辨率高、能进入危险环境等优点，因此军用无人机主要在情报侦察、军事打击、信息对抗、通信中继、后勤保障等领域发挥重要作用，如图 1-29 所示。

（1）情报侦察　侦察无人机通过安装模拟式和数字式等传感器，具备全天候的综

军用无人机的应用

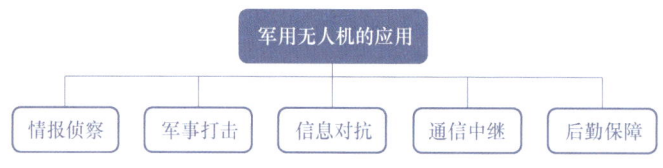

图 1-29　军用无人机的应用

合侦察能力，侦察方式高效多样，既可以在战场上空进行高速信息扫描，也可以低速飞行或悬停凝视，从而为部队提供实时的情报支持。我国自行研制生产的"无侦-7"无人机（图1-30）为高空无人侦察机一种，主要执行边境侦察、领海巡逻等任务。

（2）军事打击　无人机可携带多种精确攻击武器，对地面和海上目标实施攻击或携带空空导弹进行空战，还可以执行反导拦截任务。"彩虹-5"无人机（图1-31）是中国航天科技集团公司研制的中空长航时无人机，具有动力强、载重大、航时长、航程远等优势，同时可以挂载多种武器。

图 1-30　"无侦-7"高空侦察无人机

图 1-31　"彩虹-5"无人机

（3）信息对抗　在战场上无人机可以在恶劣环境下随时起飞，针对激光制导、微波通信、指挥网络、复杂电磁环境等光电信息实施对抗，有效阻断敌方装备的攻击、指挥和侦察能力，提高己方信息作战效率。"翼龙"无人机（图1-32）是中航工业成都飞机设计研究所研制的一种多用途无人机，可以携带各种侦察、激光照射/测距、电子对抗设备及小型空地打击武器，完成监视侦查、对地攻击、维稳反恐以及边界巡逻等任务。

（4）通信中继　无人机通信网络可以建立强大的冗余备份通信链路，从而提高无人机的"生存"能力。当无人机遭到攻击后，替补通信网络能够快速恢复，使无人机在网络中心战中发挥着不可替代的作用。高空长航时无人机扩展了通信距离，利用卫星

图 1-32　"翼龙"无人机

提供备选链路，直接与陆基终端链接，降低实体攻击和噪声干扰的威胁。作战通信无人机采用多种数传系统，各作战单元之间采用视距内模拟数传系统与卫星之间采用超视距通信中继系统，可高速实时传输图像和数据等信息。中科瑞泰一体化通信系留无人机是一款全自主研

发，同时集成系留供电系统和通信基站系统，并且预留其他设备接口，兼容第三方窄带和 MESH 基站，专门为应急通信基站设备而研发设计。它能够在通信中断的情况下快速恢复远距离的通信覆盖，可广泛应用于各类自然灾害（洪涝、台风、地震、泥石流）等应急恢复通信的场景及其他需要增强信号覆盖的大型活动中。图 1-33 所示为广东中科瑞泰智能科技有限公司研发的中科瑞泰"天鹰"无人机。

（5）后勤保障　近年来美国军方开始探讨使用无人机承担物资运输、燃油补给以及伤病员接送等后勤保障任务。无人机在承担这类任务时，具备不受复杂地形环境影响、速度快、可规避地面敌人伏击等优势外，还拥有成本费用低、操作使用简便等特点。2020 年的入冬前夕，在陆军后勤部、西藏军区保障部指导下，一场旨在探索空地立体投送补给新模式的战时物资立体前送演练，在海拔 4500m 的高原腹地展开。无人机投送分队立即启动预案，快速安装调试九台无人机，飞抵补给运输分队受阻地域，如图 1-34 所示。

图 1-33　"天鹰"无人机

图 1-34　陆军探索无人机运输投送保障新模式

2. 民用无人机的应用

民用无人机主要在农业、林业、环保、建筑、交通、电力、水利、海洋等行业发挥重要作用。

（1）农业　无人机在农业上的应用主要分为两类，一类是农田监测，主要通过无人机搭载各种传感器和摄像机，对农田进行空中巡视，收集农田数据，例如土壤含水量、气温、湿度等，以及植被覆盖情况和作物状况等。这些数据有助于农民了解农作物的生长状态、确定植被覆盖率、检查土壤水分含量，进行病虫害检测等，从而更好地管理农田，提高作物产量。另一类是农作物治理，主要利用无人机搭载药箱和喷洒设备对农作物进行喷药，治理病虫害，如图 1-35 所示。

（2）林业　在林业资源调查、森林健康监测、森林防护、火灾监测、退耕还林监测、荒漠化治理中急需成本低、速度快、精度高的遥感监测手段。在森林防火应用中，无人机重点解决了地面巡护无法顾及的偏远地区森林火险的早期发现问题，以及对重大森林火灾现场的各种动态信息的准确把握和及时了解，也可以解决飞机巡护无法夜航、

图 1-35　植保无人机对农作物进行喷药

因烟雾造成能见度降低而无法飞行等问题，是现有林业监测手段的有力补充。图 1-36 所示为森林消防专用无人机。

（3）环保　无人机在环保领域的应用大致可分为以下三个方面。

1）环境监测。通过无人机观测空气、土壤、植被和水质状况，实时快速跟踪和监测突发环境污染事件的发展。图 1-37 所示为利用无人机监测水质。

图 1-36　森林消防专用无人机

图 1-37　环境监测

2）环境执法。利用搭载了采集与分析设备的无人机在特定区域巡航，监测企业的废气与废水排放情况，便于寻找污染源。

3）环境治理。利用携带了催化剂和气象探测设备的柔翼无人机在空中进行喷撒，与无人机喷洒农药的工作原理一样，可在一定区域内消除雾霾。

（4）建筑　无人机在建筑工程领域的应用大致可分为以下五个方面。

1）建筑勘测和测量。无人机搭载摄像机和激光测距仪等设备，可以获取建筑物的地形数据、地形模型和三维模型，为规划设计和施工提供重要信息。

2）工地监控和安全管理。无人机配备摄像头和热成像等设备，可以及时发现潜在的工程安全隐患，监测施工进度和质量，从而提升工地的运营效率和安全性。

3）工程定期巡检。无人机搭载相应任务设备可以用于对大型建筑物的外墙、高架桥、风力发电机组等人类不便到达的高空构件、狭窄空间和危险区域进行定期巡检，发现故障并及时处理，有效预防事故发生。

4）施工监管和项目管理。无人机通过航拍和实时数据采集，监测施工进展、材料使用情况和工艺质量，帮助监理人员和管理团队把控工程进度和质量。图 1-38 所示为利用无人机进行工地监控和安全管理。

图 1-38　利用无人机进行工地监控和安全管理

5）宣传与展示。无人机通过航拍捕捉建筑物的壮丽景观和独特设计，为开发商、设计师和营销团队提供宣传素材，吸引潜在客户，并推广项目。

（5）交通　无人机在交通领域的应用大致可分为以下四个方面。

1）交通巡逻。无人机搭载摄像机可以从空中俯视道路交通状况，实时获取和传输交通数据，实现对交通拥堵、交通事故等情况的监测和预警。

2）路况巡检。无人机搭载高清摄像头和红外摄像机等设备，能够对路面、路肩、护栏、标线等交通设施进行全覆盖、快速度、高精度的拍摄和检测，从而实现对公路交通设施的监测和维护。

3）交通拥堵疏导。无人机配备红外热成像、测距、定位、数据传输等设备可快速准确地反映交通状况，以实现对交通拥堵区域的空中疏导。

4）应急处置。当突发交通堵塞或交通事故时，交通指挥人员可以通过搭载了喊话器的无人机对现场进行疏通和应急指挥，如图1-39所示。

图1-39 应急处置

除此之外，无人机还可以用于铁路选线、规划设计，公路和水路工程建设、运营维护、安全保障等场景。

（6）电力 无人机在电力行业的应用大致可分为以下三个方面。

1）线路巡检。借助无人机搭载的三维激光雷达和热成像设备，线路巡检员可判断输电线路部件是否受到损坏，以保证输电线路的安全，如图1-40所示。

2）输电线路架设。在输电线路施工中可运用无人机展放导引绳来架设线路。

3）电力设备维护。当电力设备出现故障时，无人机可以不受地理条件限制，快速帮助维护人员确定故障位置和范围。

（7）水利 无人机在水利行业的应用大致可分为以下三个方面。

1）水库巡检和维护。利用搭载高清摄像设备的无人机，工作人员可以实时监测水库状况并对水库进行维护，例如使用水质传感器检测水质，并通过图像分析水库周边植被的情况，及时进行清理和维护。

2）河道巡查和水质监测。借助无人机可以收集河道的高清图像和视频，及时发现隐患（如堤坝裂缝、淤积等），从而采取措施进行修复和维护，如图1-41所示。

图1-40 输电线路巡检

图1-41 河道巡查

3）水利灾害预警和应急响应。当发生洪涝灾害时，无人机可以通过搭载热成像仪，寻找被困人员并确定其位置。此外，无人机还可以提供灾后评估和灾后重建的重要数据支持。

除此之外，无人机还可以用于流域水土保持、水调度指挥、生态环境监测、防凌监测以及重点水利工程制图等场景。

（8）海洋　无人机在海洋中的应用大致可分为以下几个方面。

1）海洋生态环境监测。通过无人机搭载的多光谱、高光谱和热红外摄像机等设备获取海洋生态环境相关数据，包括海水温度、盐度、水质等指标，以及海洋生物种群分布和海藻覆盖面积等信息，为海洋环境监测提供依据。

2）海岸线变化监测。借助无人机可获取遥感图像，对海岸线的变化进行快速监测和分析，包括海岸侵蚀、滩涂变化等情况，为海洋环境管理提供科学依据。

3）海上交通管理。通过搭载光学摄像机、红外摄像机、雷达等设备，无人机可以实现海上交通船只的实时监测、识别和跟踪，提高海上交通管理的效率，如图1-42所示。

4）海洋资源勘探。利用无人机搭载的多光谱和热红外摄像机等设备获取海洋地形、水深、海底地貌等数据，为海洋资源的勘探和开发提供数据支撑。

图1-42　海上交通管理

5）海洋灾害监测。无人机可以在海洋灾害发生后快速响应，实现对海洋灾害现场的实时监测和评估，包括海上救援、海洋油污监测等应用。

除此之外，无人机还可以用于海洋污染监测、海洋工程制图以及极地科学考察等场景，国家海洋局和沿海城市相关部门均对无人机技术有应用需求。

思考题

1. 什么是飞行器？
2. 按照飞行环境和飞行原理的不同，把飞行器分为哪几类？
3. 重于空气的航空器主要有哪些？
4. 什么是通用航空器？
5. 无人机及无人机系统定义分别是什么？
6. 根据平台构型的不同，可将无人机分为哪几类？

考题模拟答案

1. B　2. C　3. A　4. D　5. C　6. B　7. D　8. C　9. B　10. A

第 2 章 飞行环境和气象条件对飞行的影响

本章知识点思维导图

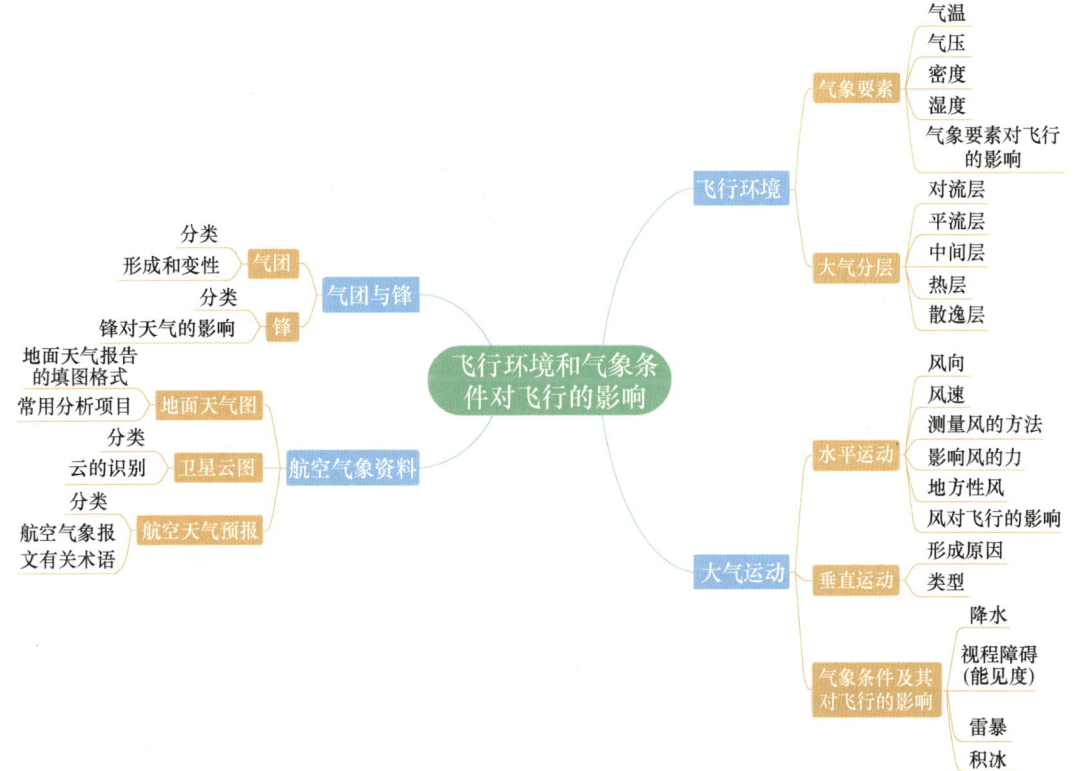

学习目标

1. 素养目标

1）通过了解大气对地理环境和人类活动的影响，学生树立正确的环境观，增加探索大气环境的兴致，增强大气环境保护意识。

2）培养学生的观察力，激发求知欲，使其勤于思考、勇于实践。

3）培养学生具有实事求是、严肃认真的科学态度与追求真理的工匠精神。

4）能从大气运动和天气变化之理中感受自然、科学之美，增加审美能力。

2. 能力目标

1）具备理论联系实际的能力，以便学以致用，服务于社会。
2）具有正确识读大气垂直分层示意图，并说明各层的主要特征以及与人类的关系的能力。
3）具有对比分析问题的能力。

3. 知识目标

1）掌握大气飞行环境的基本知识。
2）了解气象学的基础知识，了解国际标准大气压的定义。
3）了解大气的气象要素的意义、表示方法、测量方法。
4）掌握大气成分、大气特性、大气稳定度及航空危险天气。
5）了解冷气团和暖气团的特点。
6）理解和掌握冷锋和暖锋的形成原因。
7）学会辨别并绘制冷锋系统和暖锋系统图。
8）掌握分析与应用航空气象资料的方法。

知识引入

"我们抱歉地通知，您乘坐的××次航班由于天气原因不能按时起飞……"候机时，每每听到类似的广播通知，旅客往往感到沮丧。相关统计表明，全球机场的航班延误事件中，气象因素约占25%。可以说，良好的气象因素对于安全飞行至关重要。那么，究竟有哪些气象因素会影响航班的正常运行呢？有时明明出发地天朗气清，可在准备乘坐飞机时，被航空公司告知因"天气原因"导致航班延误，利用智能终端设备查到目的地的天气同样风和日丽，那么导致航班延误的天气原因究竟是什么呢？

事实上，"天气原因"包含了很多种情况：出发地机场天气状况不宜起飞；目的地机场天气状况不宜降落；飞行航路上气象状况不宜飞越等。天气晴朗不代表飞行意义上的正常天气，如大风、风切变、颠簸、积冰等我们平常看不到的天气同样会对飞行造成影响。在漫长的既定航线上，只要一个地方出现异常气候条件，飞机就只能因"天气原因"停在原地。因此，晴朗不代表飞行意义上的正常天气。

民间广为流传的农业谚语，如"天上鲤鱼斑，晒谷不用翻""七月秋风雨，八月秋风凉""大雪下成堆，小麦装满屋"等是自古以来，勤劳的农民在长期的生产实践中总结出的智慧，但它们往往具有地域性和时代性。

气象条件是客观存在的，人类可以借助现代科技手段对其进行观测和预测，更好地利用和适应这些条件，为人类的生产和生活提供支持。但它对飞行活动影响的好坏，却往往因人们主观处置是否得当而有不同的结果。

2.1 飞行环境

飞行环境是指航空器在大气层内飞行时所处的环境条件，是环绕地球并贴近其表面的一层空气薄层。飞行环境对航空器的空气动力、飞行性能、发动机工作状态等都有重要的影响。只有了解和掌握了大气的特性和变化规律，并设法减少飞行环境对航空器的影响，才能保证航空器的飞行安全。

在分析大气中的气象现象及天气过程时，可将大气看作一种混合物，它主要由干洁空气、水蒸气和大气杂质三个部分组成。

1. 干洁空气

干洁空气是大气的主要组成部分，也就是一般意义上的空气，主要由78%的氮气、21%的氧气及1%其他气体组成，如图2-1所示。

2. 水蒸气

地表和潮湿物体表面的水分蒸发进入大气就形成了大气中的水蒸气，其含量平均约占整个大气体积的0~5%，并随着高度的增加而逐渐减少。水蒸气参与水循环过程，对天气变化和降水有重要影响。

3. 大气杂质

大气杂质是指悬浮在大气中的固体微粒或水蒸气凝结物。在一定的天气条件下，大气杂质聚集在一起，就会形成如云、雾、雨、雪等天气现象。

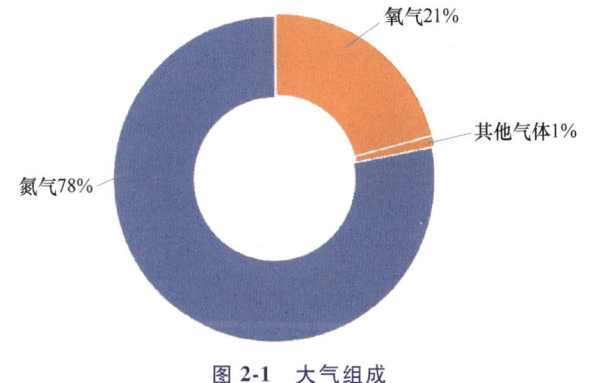

图 2-1 大气组成

考题模拟

1. 大气主要由（　　）组成。
   A. 78%氮气、20%氢气和2%其他气体　　B. 90%氧气、6%氮气和4%其他气体
   C. 78%氮气、21%氧气和1%其他气体　　D. 78%氧气、21%氮气和1%其他气体

2.1.1 气象要素

表示大气状态的物理量和物理现象通称为气象要素，例如气温、气压、密度、湿度等物理量，而风、云、降水等天气现象也是气象要素，它们都能在一定程度上反映当时的大气状况。其中，气温、气压和湿度称为三大气象要素。

考题模拟

2. 三大气象要素包括（　　）。
   A. 气温、风和云　　　　　B. 风、云和降水
   C. 气温、气压和湿度　　　D. 气温、气压和降水

1. 气温

气温是表示空气冷热程度的物理量，它实质上是空气分子平均动能大小的宏观表现。一般情况下，我们可将空气看作理想气体，空气分子的平均动能就是空气内能，因此气温的升高或降低，其实就是空气内能的增加或减少。在实际大气中，气温变化的基本方式有非绝热变化和绝热变化两种。而对某一地点的气温（又称局地气度）来说，其变化除了与那里的气块温度的绝热和非绝热变化有关，还与不同温度气块的移动有关。

气温常用单位有摄氏温度 t_C（℃）、华氏温度 t_F（F）和开氏温度 T（K）。它们之间的换算关系为

$$t_F = 1.8 t_C + 32 \tag{2-1}$$

$$T = t_C + 273.15 \tag{2-2}$$

3. 59F 为（　　）。

A. 0℃　　　　B. 15℃　　　　C. 27℃　　　　D. 32℃

4. 绝对（开氏）温度的零度为（　　）。

A. −273.15℃　　B. −273.15K　　C. −273.15℉　　D. −273.15

2. 气压

气压即大气压强，是指与大气相接触的面上，空气作用在每单位面积上的力。这个力是由空气分子对接触面的碰撞而引起的，也是空气分子运动所产生的压力。气压的国际制（SI）单位为帕斯卡，简称帕，符号为 Pa。气象学中常用的气压单位有兆帕（MPa）、千帕（kPa）、百帕（hPa）、巴（bar）、毫米汞柱（mmHg）、标准大气压（atm）、工程大气压（kgf/cm²），其换算关系为

$1\text{MPa} = 1 \times 10^3 \text{kPa} = 1 \times 10^4 \text{hPa} = 1 \times 10^6 \text{Pa}$

$1\text{bar} = 0.1\text{MPa}$

$1\text{atm} = 0.1013\text{MPa} = 1.013\text{bar} = 760\text{mmHg}$

$1\text{kgf/cm}^2 = 0.981\text{bar} = 0.0981\text{MPa}$

（1）航空领域常用的气压

1）本站气压：气象台气压表直接测得的气压。由于各测站所处地理位置及海拔不同，本站气压常有较大差异。

2）修正海平面气压：由本站气压推算到同一地点海平面高度上的气压值。运用修正海平面气压便于分析和研究气压的水平分布情况，需要注意的是，海拔大于 1500m 的测站不推算修正海平面气压，因为推算出的修正海平面气压的误差可能过大，失去其意义。

3）场面气压：着陆区（跑道入口端）最高点的气压。场面气压也是由本站气压推算出来的，可由机场标高点处的气压代替。航空器起降时为了准确掌握其相对跑道的高度，就需要知道场面气压。

4）标准海平面气压：大气处于标准状态下的海平面气压，其值为 1013.25hPa 或 760mmHg。海平面气压是经常变化的，而标准海平面气压是一个常数。

（2）国际标准大气压　大气的物理参数随着地理位置、地形、季节的不同而不同，因

此航空器的飞行性能在不同的地点、季节、高度有不同的表现，这使航空器的制造和使用在不同的条件下有不同的结果，给使用者带来不便。为了提供通用参照标准，国际标准化组织规定了国际标准大气（ISA），作为某些飞行仪表和航空器大部分性能数据的参照基础。

国际标准大气是指在海平面上气压为1013.25hPa、气温为15℃、密度为1.225kg/m³的大气，此时气压为一个标准大气压。

考题模拟

5. 在国际标准大气中，海平面上的气温和气压分别为（　　）。
A. 15℃　1013.25Pa
B. 0℃　760mmHg
C. 15℃　1013.25hPa
D. 288.15K　760mmHg

（3）气压高度　常采用无线电高度表和气压式高度表来测量航空器的飞行高度。因为无线电高度表所测量的是航空器相对于所飞越地区地表的垂直距离，能不断地指示航空器相对于所飞越地表的高度，对地形的任何变化都很"敏感"。它主要用于校正仪表和在复杂气象条件下着陆使用。

气压式高度表是主要的航行仪表。它是一只高度灵敏的空盒气压表，但刻度盘上标出的是高度，另外有一个辅助刻度盘可显示气压，高度和气压都可通过旋钮调定。气压式高度表刻度盘是在国际标准大气条件下按气压随高度的变化规律（图2-2）而确定的，即气压式高度表实际测量的是气压，然后根据图2-2所示大气压与高度的关系换算出对应的高度，并在刻度盘上显示出来。例如当气压式高度表测得的大气压为80kPa，依据图2-2就可以换算出这时航空器所处的高度是2km。从图2-2可知，随着高度的增大，大气压在减小即高度越高，大气压越低。

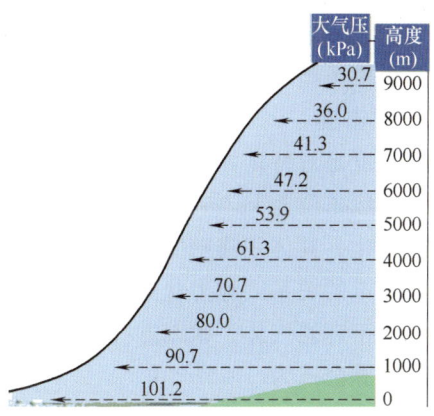

图2-2　大气压与高度的关系示意图

另外，当实际大气的温度与标准大气温度不同时，实际温度下的高度 H 和标准大气温度下的高度 H_P 之间的关系为

$$H = H_P \frac{T_m}{T_{ms}} \tag{2-3}$$

式中　H——实际温度下的高度，m；
　　　H_P——国际标准大气温度下的高度，m；
　　　T_m——实际平均温度，℃；
　　　T_{ms}——国际标准大气温度下的平均温度，℃。

由式（2-3）可知，当实际大气温度比标准大气温度低（无人机飞行中遇到冷气流），则$H<H_P$；相反，当实际大气温度比标准大气温度高（无人机飞行中遇到暖气流），则$H>H_P$。

航空器在空中至某一基准水平面的垂直距离称为飞行高度，单位为 m。"高度"是气象和航空领域常用的词语，选择的基准面不同，表示的垂直距离也不一样。飞行中常用的气压高度有标准海平面气压高度、场面气压高度和修正海平面气压高度三种，如图 2-3 所示。

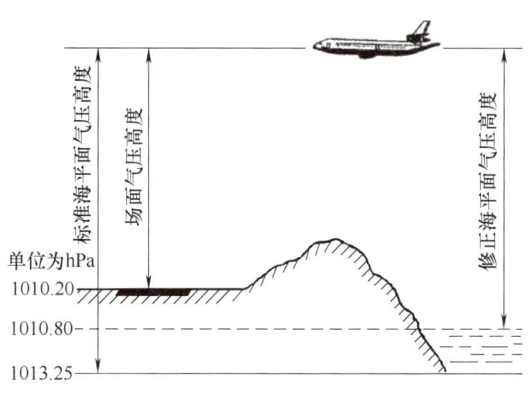

图 2-3　各种气压高度示意图

1）标准海平面气压高度：相对于到标准海平面（气压为 760mmHg 或 1013.25hPa）的垂直距离。航空器在航线上飞行时，都要按标准海平面气压调整高度表，使所有在航线上飞行的航空器都有相同的"零点"高度，并按此保持规定的航线仪表高度飞行，以避免航空器在空中相撞。

2）场面气压高度：相对于起飞或着陆机场跑道的垂直距离。为使气压式高度表指示场面气压高度，只需将气压式高度表的气压刻度拨正到场面气压值上。

3）修正海平面气压高度：按修正海平面气压拨正气压式高度表，则气压式高度表将显示修正海平面气压高度。在航空器着陆时，将气压式高度表指示高度减去机场标高就等于航空器距机场跑道面的高度。

3. 密度

密度是对特定体积内的质量的度量，密度等于物体的质量除以体积，可以用符号 ρ 表示，国际单位为 kg/m^3。一般来说，不论什么物质，也不管它处于什么状态，随着温度和压力的变化，其体积或密度也会发生相应的变化。联系温度 T、压力 p 和密度 ρ（或体积）三个物理量的关系式称为状态方程。气体的体积随它受到的压力和所处的温度而有显著的变化。对于理想气体，状态方程为 $pV=nRT$，而 $n=m/m_{mol}$、$\rho=m/V$，由此可以得到理想气体密度计算公式为

$$\rho = \frac{pm_{mol}}{RT} \tag{2-4}$$

式中　p——气体的压强，Pa；

　　　m_{mol}——气体的摩尔质量，kg/mol；

　　　R——理想气体常数，8.314J/(mol·K)；

　　　T——气体的绝对温度，K。

考题模拟

6. 以下对于空气密度的说法正确的是（　　）。

A. 空气密度正比于压力和绝对温度

B. 空气密度正比于压力，反比于绝对温度

C. 空气密度反比于压力，正比于绝对温度

D. 空气密度正比于压力，反比于温度

由式（2-4）可知，理想气体在标准状态（温度为273.15K（0℃），压强为101.325kPa）下的密度为

$$\rho_0 = \frac{m_{\text{mol}}}{22.414} \tag{2-5}$$

操作条件下（T，p）理想气体密度 ρ 为

$$\rho = \rho_0 \frac{p T_0}{p_0 T} \tag{2-6}$$

4. 湿度

湿度是表示空气中水蒸气含量和湿润程度的气象要素。在一定的温度下在一定体积的空气里含有的水蒸气越少，空气越干燥；含有的水蒸气越多，空气越潮湿。在此意义下，常用绝对湿度、相对湿度、比较湿度、混合比、饱和差以及露点等物理量来表示。

（1）绝对湿度 又称水气密度，即每立方米湿空气中实有水蒸气的质量。单位为 g/m³。

（2）相对湿度 空气中实际水气压（湿空气中水蒸气的分压）与相同温度和压力下的饱和水气压之比，用百分数表示。相对湿度的大小直接反映了空气距离水蒸气饱和状态的程度。相对湿度越大，说明空气中的水蒸气越接近饱和。相对湿度的大小取决于以下两个因素。

1）水蒸气含量。空气中的水蒸气含量越多，水气压越大，相对湿度越大。

2）温度。在水蒸气含量不变的情况下，温度升高，饱和水气压增大，相对湿度减小。

（3）露点温度 在气压和水蒸气含量不变的情况下，空气冷却到饱和时的温度，单位为℃。气压一定时，露点温度的高低只与空气中水蒸气的含量有关，水蒸气含量越多，露点温度越高，即露点温度的高低反映了空气中水蒸气的含量的多少。

当空气处于未饱和状态时，其露点温度低于气温，只有在空气达到饱和时，露点温度才和气温相当。因此，可以用气温露点差来判断空气的饱和程度，气温露点差越小，空气越潮湿。露点温度的高低还与气压的大小有关。在水蒸气的含量不变的情况下，当气压降低时，露点温度也会随之降低。

考题模拟

7. 当气压一定时，露点温度的高低可以表示（　　）。
A. 空气中凝结核的含量　　B. 空气的饱和程度
C. 空气中水蒸气的含量　　D. 空气中水蒸气的温度

5. 气象要素对飞行的影响

气温、气压、密度、湿度等气象要素的变化都会对航空器的载重、起飞和降落过程的滑跑距离、气压式高度表和空速表显示值等产生一定的影响，具体包括以下几点。

（1）对气压式高度表显示的影响 实际大气状态与标准大气状态通常存在一定差异，因此实际飞行时气压式高度表显示的高度与当时气象条件有关。在标准大气中"零点"高度上的气压为760mmHg，但实际上"零点"高度处的气压并不总是760mmHg，因而气压式高度表显示值会出现偏差，如图2-4所示。由图2-4可知，当飞机飞向低压区时，其实际高

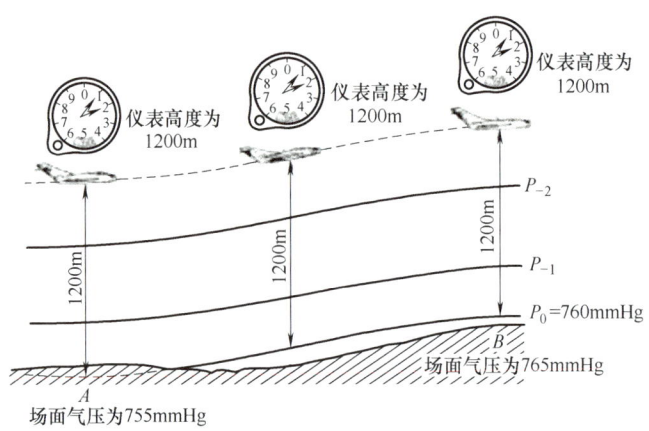

图 2-4　气压对气压式高度表显示的影响

度将逐渐降低。

当实际大气的温度与标准大气温度不同时，气压式高度表显示值也会出现偏差。由于在较暖的空气中气压随高度上升而降低得较慢，在较冷的空气中气压随高度上升而降低得较快，因此在比标准大气暖的空气中飞行时，气压式高度表显示值将低于实际飞行高度，在比标准大气冷的空气中飞行时，气压式高度表显示值将高于实际飞行高度，如图 2-5 所示。

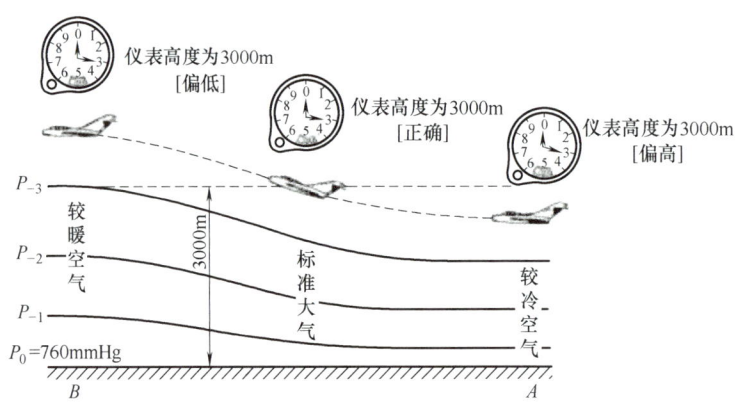

图 2-5　温度对高度表指示的影响

考题模拟

8. 当飞向低压区时，飞机的实际高度将（　　）。
A. 保持不变　　　B. 逐渐升高　　　C. 逐渐降低　　　D. 先升高后降低
9. 当飞机在比标准大气冷的空气中飞行时，气压式高度表显示值将比实际飞行高度（　　）。
A. 相同　　　　　B. 低　　　　　　C. 高　　　　　　D. 无法确定

（2）对空速表显示的影响　航空器相对于空气运动的速度称为空速，也称飞行速度或飞行真速。测量空速的仪表称为空速表。空速表是根据标准海平面气压条件下空速与动压的关系，通过测量动压来表示空速的。空速表显示值不仅取决于航空器的空速，也与空气密度有关。如果实际大气密度与标准大气密度不一致，表速与真空速也就不相等。当实际大气密度大于标准大气密度时，表速大于真空速；反之，表速小于真空速。此时，若按表速飞行而不加以修正，航空器的位置就会发生偏移。例如，早晨气温偏低，由式（2-3）可知，空气密度与气压成正比，与气温成反比，因此空速表显示值容易偏高，若此时根据表速下滑着陆，容易落在"T"字布的后面，有提前接地的危险；午后气温偏高，空气密度减小，空气表显示值容易偏低，容易落在"T"字布的前面，有冲出跑道的危险。

（3）对载重量的影响　当气温升高时，空气密度变小，产生的升力变小，则航空器的载重量减小，因此航空器在夏天飞行时的载重量小于其在冬天飞行时的载重量。

（4）对滑跑距离的影响　当航空器在暖气流中或高原上起飞或降落时，因为气温升高或气压降低，空气密度变小，产生的升力变小，所以滑跑距离变长。一架飞机在高于海平面5000ft（1ft＝30.48cm）处起飞的滑跑距离约是在海平面处起飞的2倍，如图2-6所示。

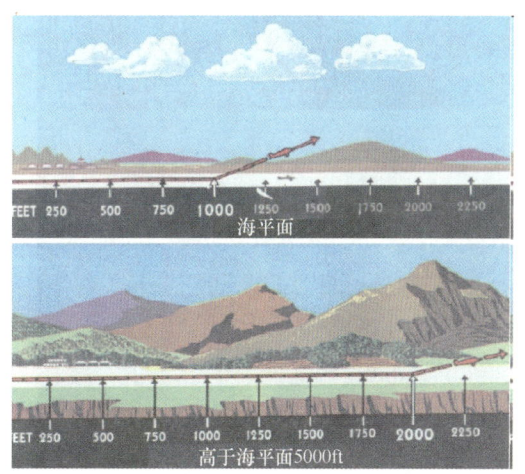

图 2-6　海平面及 5000ft 高度的滑跑距离

考题模拟

10. 当气温高于标准大气温度时，航空器的载重量和滑跑距离分别将（　　）。
A．减小和变长　B．不变　C．增加和变长　D．减小和变短

（5）对于爬升率的影响　当气温降低或气压升高，实际大气密度大于标准大气密度时，一方面航空器升力增大，另一方面发动机功率增大，推力增大，因此航空器的爬升率增大。

考题模拟

11. 当实际大气密度高于标准大气密度时，空气作用于航空器上的升力、航空器发动机推力及航空器的爬升率将分别（　　）。
A．减小　B．增大　C．不变　D．先增大再减小

2.1.2　大气分层

根据不同的气象条件和气温变化等特征，以大气中温度随高度的分布为主要依据，可将大气层划分为对流层、平流层、中间层、热层和散逸层（外大气层）等五个层次，如图2-7所示。因此，对大气垂直分层的主要依据是气层气温的垂直分布特点，

大气分层

通常使用气温的垂直递减率（℃/100m）表示。气象上把气温垂直递减率等于零气层称为等温层，平流层底层可看作等温层。

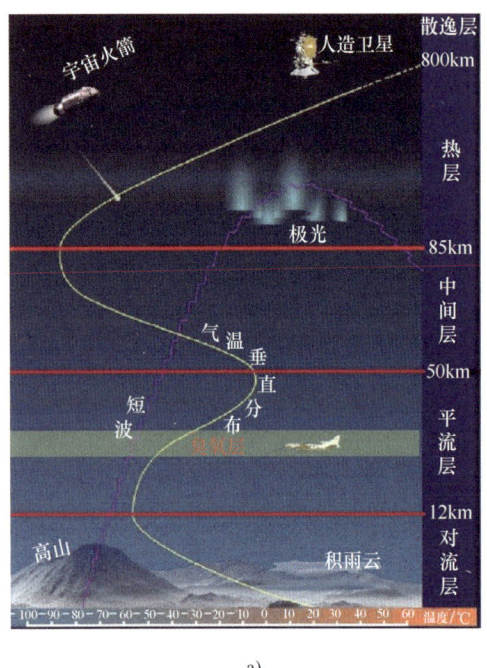
a)

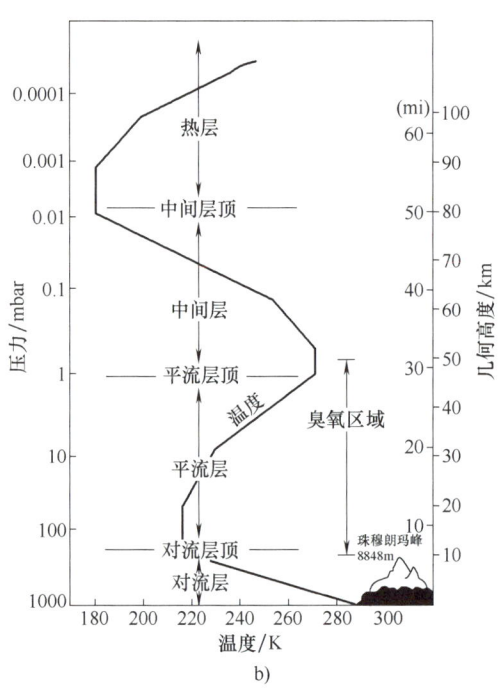
b)

图 2-7　大气垂直分层示意图

考题模拟

12. 对大气垂直分层的主要依据是（　　）。
   A. 气层中风的垂直变化特点　　B. 气层气温的垂直分布特点
   C. 气层气压的垂直分布特点　　D. 气层密度的垂直分布特点

1. 对流层

对流层是地球大气中最低的一层，从地球表面开始向高空伸展，直至对流层顶，是大气中最稠密的一层，集中了约为75%的大气质量和90%以上的水蒸气质量。由于受到地面森林、湖泊、草原、海滩、山岭等不同地形的影响，受日光照射而引起的气温的变化，因此造成垂直方向和水平方向的风，即空气发生大量的对流现象，故称为对流层。对流层的平均厚度约为12km且因纬度和季节的不同而发生变化，一般低纬度地区对流层的平均厚度为16~18km；中纬度地区对流层的平均厚度为10~12km；高纬度地区对流层的平均厚度为8~9km。

对流层具有以下特点。

1）对流层中气温和气压随高度增加而降低，平均每增高100m，气温下降0.65℃，气压下降12.7Pa。

2）对流层集中了约为3/4的大气质量。

3）受地面情况和地形的影响，对流层中有水平风和垂直风，而垂直风对航空器的飞行十分不利。

4）对流层集中了约为9/10的水蒸气，是天气变化最复杂的层次，也是对飞行影响最重要的层次。飞行中所遇到的各种重要天气现象几乎都出现在这一层中，如雷暴、浓雾、低云幕、雨、雪、大气湍流、风切变等。

在对流层内，按气流和天气现象分布的特点又可将其分为下层、中层和上层。

自地面到2km高度范围为下层（又称扰动层或摩擦层），随季节和昼夜的不同，下层的范围也有一些变化，一般是夏季高于冬季（北半球），白天高于夜间。在下层里，气流受地面摩擦作用的影响较大，湍流交换作用特别强盛，并且随着高度的增加，风速将会增大，风向偏转明显。

下层顶至高度约为6km范围为中层，它受地面影响比下层小得多，气流状况基本上可表征整个对流层空气运动的趋势，并且大气中的云和降水大都产生在这一层内。

从6km高度到对流层的顶部范围为上层，它受地面的影响更小，气温常年都在0℃以下，水蒸气含量较少，各种云都由冰晶和过冷水滴组成。在中纬度和热带地区，这一层中常出现风速大于或等于30m/s的强风带，即所谓的急流。

13. 对流层中的平均气温垂直递减率为（　　）。
　A. 0.5℃/100m　B. 6.5℃/100m　C. 0.65℃/100m　D. 0.65℃/1000m
14. 对流层的主要特征是（　　）。
　A. 空气具有强烈的垂直混合　　　B. 气温和湿度的水平分布均匀
　C. 气温随高度不变　　　　　　　D. 气压随高度增加而增加
15. 同一地区对流层下层的范围变化是（　　）。
　A. 夏季高于冬季　B. 冬季高于夏季　C. 白天低于夜间　D. 白天与夜间相同
16. 对流层的中层气流的特点是（　　）。
　A. 气流相对平稳　B. 水蒸气含量很少　C. 气流混乱　D. 没有云和降水

2. 平流层

平流层又称同温层，位于对流层顶之上、中间层之下，距地表约10~50km，顶界伸展到50~55km高度。平流层是地球大气层里上热下冷的一层，此层被分为高温层和低温层两个不同的温度层，高温层置于顶部，低温层置于底部。平流层中水蒸气的含量较少，气流比较平缓，能见度较高，适于航空器飞行。

平流层具有以下特点。

1）在平流层内，随着高度的增加气温最初保持不变或微有上升，到25~30km高度气温升高较快，到了平流层顶气温约升至270~290K。平流层的这种气温分布特征同它受地面影响小和存在大量臭氧（臭氧可直接吸收太阳辐射）有关。

2）在平流层中，空气的垂直运动远比对流层弱，基本上只有水平风而无垂直风，利用航空器平稳飞行。

3）平流层水蒸气的含量也较少，气流平稳。
4）平流层集中了约为 1/4 的大气质量。

考题模拟

17. 平流层的特点是（　　）。
A. 平流层中不含水蒸气　　　　　B. 平流层中气温随高度增加而升高
C. 平流层中气温不随高度变化而变化　D. 平流层中气温随高度增加而降低

18. 平流层对航空活动有利的方面是（　　）。
A. 气流平稳、能见度好、空气阻力小
B. 气温低、航空器载重量增加、航空器真空速增大
C. 气流平稳、发动机推力增大
D. 气压低、航空器载重量增加

3. 中间层

中间层从平流层顶（约 50~55km）伸展到 80km 高度。

中间层具有以下特点。

1）中间层内因臭氧含量低，能被氮、氧分子等直接吸收的太阳短波辐射已经大部分被上层大气所吸收，因此气温的垂直递减率很大，对流运动强盛。

2）空气分子吸收太阳短波辐射后可发生电离，习惯上称为电离层的 D 层。

3）中间层的气温随高度的增加而下降，空气有相当强烈的垂直运动。在这一层的顶部，气温可低至 160~190K。

4. 热层

热层的范围是从中间层顶伸展到约 800km 高度，地球大气的一个电离区域，又称电离层。

热层具有以下特点。

1）热层的气温随高度的增加而上升。

2）空气处于高度电离状态，因此能反射无线电波，使电波在地面和电离层之间多次反射，从而实现了远距离无线电通信。

3）有流星、极光等自然现象。

5. 散逸层

散逸层又称逃逸层，是地球大气的最外层，位于热层之上，延伸至距地球表面 1000km 处。

散逸层具有以下特点。

1）散逸层气温很高，空气极其稀薄，同时又远离地面，受地球的引力作用较小，因此大气分子不断地向星际空间逃逸。

2）散逸层是大气层的最外层，是大气层向星际空间过渡的区域。航天器脱离这一层后便进入太空飞行。

习惯上将中间层、热层和散逸层统称为高空大气。

大气分层及特点参考表 2-1 所列内容。

表 2-1 大气分层及特点

大气分层	高度	特点		与人类关系
		气温的垂直变化	空气运动特点	
高空大气	平流层顶至 2000~3000km	空气密度小,气压低		电离层能反射无线电波
平流层	对流层顶至 50~55km	随高度增加而递增	以水平运动为主	利于高空飞行
对流层	低纬:17~18km 高纬:8~9km	随高度增加而递减	对流活动强烈	天气现象复杂多变

19. 大气中的臭氧主要集中在（　　）。
    A. 对流层　B. 平流层　C. 中间层　D. 暖层

2.2　大气运动

大气运动是指不同地区、不同高度之间的大气进行热量、动能、水分的互相交换。热力环流是最简单、最基本的大气运动形式，其形成过程如图 2-8 所示。

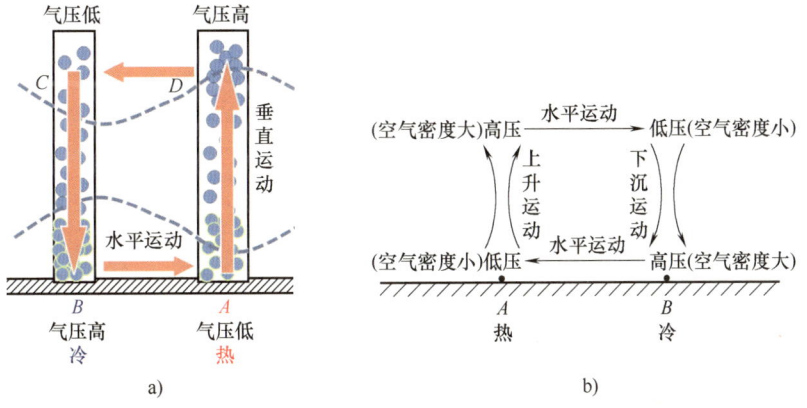

图 2-8　热力环流

由图 2-8 可知，因为近地面空气的受热不均，受热地 A 区的大气膨胀上升，空气密度减小，因此在近地面形成低气压，对应的高空 D 区，空气密度增大，形成高气压；相反，受冷地 B 区的大气收缩下沉，空气密度增大，因此在近地面形成高气压，对应的高空 C 区，空气密度减小，形成低气压。这样近地面同一水平面的 B 区气压高，而 A 区的气压低，形成压力差促使大气从 B 区向 A 区运动；同理，对应高空同一水平面上大气从 D 区向 C 区运动，从而形成高低空的热力环流。可见，大气运动首先是垂直运动，其运动原因是受热不均，这也是大气运动的根本原因，其次是水平运动，其运动原因是同一水平面上有气压差，这也是大气运动的直接原因。

> 考题模拟

20. 下列说法正确的是（　　）。
   A. 因为空气总是寻找低压区，所以气流会从高压区向低压区流动
   B. 因为空气总是寻找高压区，所以气流会从低压区向高压区流动
   C. 因为风产生了压力，所以风的压力大
   D. 大气运动的根本原因是同一水平面上有气压差

2.2.1 水平运动

大气的水平运动称为风，风是有方向和大小的，即风向和风速。

1. 风向

风向是指风的来向。例如东风是指空气自东向西方向的水平运动。风向一般用8个方位表示，分别为北、东北、东、东南、南、西南、西、西北，如图2-9所示。

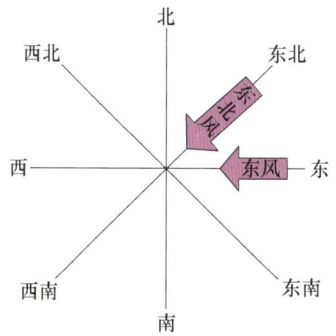

图2-9　风向的8个方位

> 考题模拟

21. 气象上的风向是指（　　）。
   A. 风的去向　B. 风的来向　C. 气压梯度力的方向　D. 风运动的方向

2. 风速

风速是指空气在单位时间内流动的水平距离，单位为m/s和km/h。1m/s=3.6km/h。

3. 测量风的方法

测量风的方法主要有仪器探测和目视估计两种。常用的仪器探测有风速仪、测风气球、风向袋、多普勒测风雷达等。其中风速仪是测量近地面风常用的仪器。为了便于驾驶员观察和估算跑道区的风向和风速，可在跑道旁设置风向袋。风向袋飘动的方向可指示风向；风向袋飘起的角度可指示风速，当风向袋被吹平（图2-10）时，表示风速已达6~10m/s。高空风可用测风气球进行探测。现在一些大型机场装有多普勒测风雷达，用来探测机场区域内

图2-10　风向袋

一定高度风的分布情况,对飞机起降有很大帮助。

考题模拟

22. 机场上常用风向袋来估算风速,当风向袋被吹平时,表示风速已达( )。
  A. 5~6m/s   B. 6~10m/s   C. 10~12m/s   D. 12~15m/s

采用目视法估算风速主要依据风力等级表(表2-2)进行的估计。

表2-2 风力等级表

风力等级	陆地地面物体征象	风速	
		km/h	m/s
0	静,烟直上	小于1	0~0.2
1	烟轻偏且能表示风向	1~5	0.3~1.5
2	人脸能感到风,树叶微动	6~11	1.6~3.3
3	树叶及微枝摇动不息,旌旗展开	12~19	3.4~5.4
4	能吹起地面灰尘和纸张,树的小枝摇动	20~28	5.5~7.9
5	有叶的小树摇摆,内陆的水面有小波浪	29~38	8.0~10.7
6	大树枝摇动,电线呼呼有声,举伞困难	39~49	10.8~13.8
7	全树动摇,迎风步行感觉不便	50~61	13.9~17.1
8	微枝折毁,人向前行感觉阻力甚大	62~74	17.2~20.7
9	草房遭破坏,大树枝可折断	75~88	20.8~24.4
10	树木可被吹倒,一般建筑物遭破坏	89~102	24.5~28.4
11	陆上少见,大树可被吹倒,一般建筑物遭严重破坏	103~117	28.5~32.6
12	陆上绝少,其摧毁力极大	118~133	32.7~36.9

4. 影响风的力

物体在力的作用下才会产生运动。作用于空气的力有重力、气压梯度力、地转偏向力、地面摩擦力等。这些力的性质各不相同,对风产生的作用也不一样。在近地面,因为重力较小可以忽略不计,因此对风有影响的力主要有水平气压梯度力、地转偏向力和摩擦力。当三力平衡时,风向斜穿等压线,指向低压,如图2-11所示。

风级歌

(1)水平气压梯度力 水平气压梯度力是指促使水平面上的气体由高压流向低压的力,是产生风的直接原因,既影响风向,又影响风速。气压梯度是一个向量,它垂直于等压面,由高压指向低压,如图2-11所示。

(2)地转偏向力 地转偏向力也称科氏力,是由地球自转所引起的,能使相对于地球运动的物体偏离原来运动方向的力。它是一种惯性力——不改变运动物体速度的大小,而只改变其方向。它是虚力,但具有实际作用。其方向垂直于物体的运动方向,在北半球指向物体运动趋势的右边,在南半球指向物体运动趋势的左边,如图2-12所示。

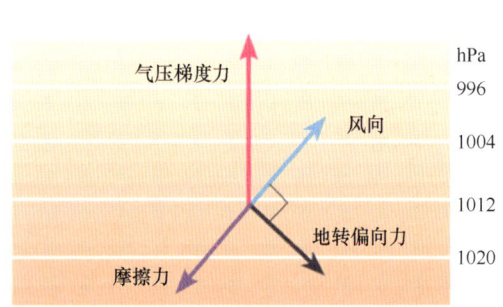

图 2-11 北半球风受力分析

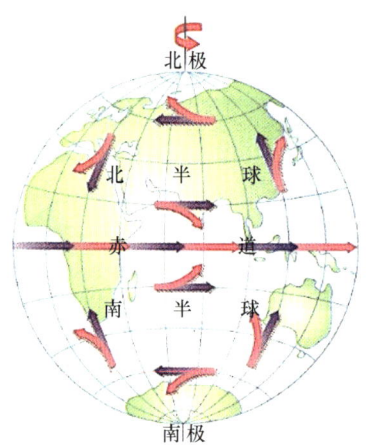

图 2-12 科氏力对风的影响

考题模拟

23. 下列关于地球自转产生的地球自转偏向力对风向产生影响说法正确的是（　　）。
   A. 在北半球，地球自转偏向力使得气流向东偏转
   B. 在北半球，地球自转偏向力使得气流向西偏转
   C. 在北半球，地球自转偏向力使得气流先向东再向西偏转
   D. 在南半球，地球自转偏向力使得气流向东偏转

（3）摩擦力　当大气在近地面运动时，地表对大气运动要产生阻碍作用，即产生摩擦力。大气运动中受到的摩擦力一般分为内摩擦力和外摩擦力。内摩擦力一般比较小，可忽略不计。外摩擦力是空气贴近下垫面（地球表面）运动时，下垫面对空气运动的阻力。外摩擦力的方向与空气运动方向相反。一般海洋上的摩擦力小，陆地上的摩擦力大，相对而言海上风大，陆地风小。摩擦力可减小空气运动的速度，并使得地转偏向力相应地减小，既影响风向，又影响风速（减小）。摩擦力对运动空气的影响以近地面最为显著，随着高度的增加影响逐渐减小，到 1~2km 高度以上，摩擦力对风的影响可忽略不计，这时影响风的力只有水平气压梯度力和科氏力。由气压梯度力和地转偏向力两力平衡所

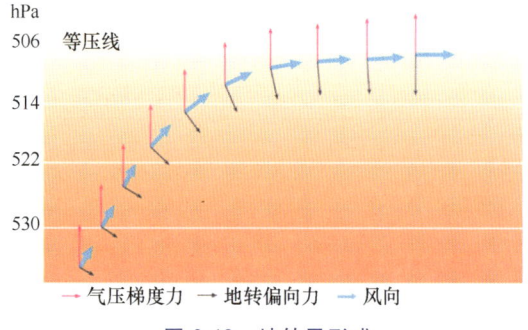

图 2-13 地转风形成

形成的风为地转风，其流向大约与等压线平行，如图 2-13 所示。

近地面三种力对风的影响见表 2-3。

表 2-3　三种力对风的影响

力名称	力的方向	对风向的影响	对风速的影响
水平气压梯度力	垂直于等压线，由高压指向低压	决定风向	决定风速

力名称	力的方向	对风向的影响	对风速的影响
地转偏向力	与风向垂直	南左北右	无
摩擦力	与风向相反	有	减小风速

考题模拟

24. 在地表的风向稍微不同于地表之上几千公里高度的风向的原因是（　　）。
    A. 当地地形影响气压　　　　　　B. 地面有较强的地转偏向力
    C. 风和地面之间的摩擦作用　　　D. 地面有较强的气压梯度力

5. 地方性风

地方性风又称地方风系，是指在有限区域内，因特殊地理位置、地形或地表性质等因素影响而产生的带有地方性特征的风系，主要有山谷风、海陆风、峡谷风、焚风、城市风、布拉风和冰川风七种类型。

（1）山谷风　山谷风是由谷风和山风组成的（图 2-14），由山谷及其附近空气之间的热力差异引起。由图 2-14a 可知，白天山坡 A、C 两地吸收太阳光热较多，空气增温较多，而山谷同高度上空 B 地因离地较远，空气增温较少，故山坡上的暖空气不断上升，空气密度减小，气压降低，形成低压区；山谷空气收缩下沉，空气密度增大，气压增高，形成高压区，产生水平气压梯度力，促使空气从山谷流向上坡，下层风从山谷吹向山坡，称为谷风。由图 2-14b 可知，夜间山坡 D、F 两地的空气因山坡散热快，降温比 E 地明显，故山坡上的冷空气不断下沉，空气密度增加，气压增高，形成高压区，顺山坡流入谷底，谷底空气因汇合而上升，并从山谷流向山顶，形成与白天相反的热力环流，下层风从山坡吹向山谷，称为山风。

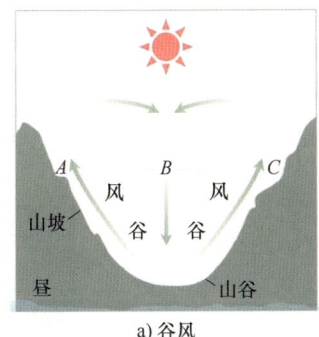

图 2-14　山谷风

考题模拟

25. 下面关于山谷风的叙述正确的是（　　）。
    A. 白天风由山谷吹向山坡　　　　B. 山谷风是由于海陆差异而形成的热力环流
    C. 气流越山而过称为山风　　　　D. 晚上风由山谷吹向山坡

（2）海陆风　在近海岸地区，白天风从海洋吹向陆地，夜间又从陆地吹向海洋，如图 2-15 所示，这种昼夜交替、有规律地改变方向的风称为海陆风。海陆风是一种因海陆间热力性质不同而形成的，以一日为周期的方向相反的地方风系。白天，地表受太阳辐射后，陆地升温比海洋迅速，空气受热膨胀，陆面气压低于海面气压，在水平气压梯度力的作用下，空气从海洋吹向陆地，形成海风；晚上，陆地散热快，空气较冷，气压高，而海面上的空气较为温暖、气压低，因此近地面气流从陆地吹向海洋，形成陆风。

a）海风

b）陆风

图 2-15　海陆风

海陆风在紧靠海岸附近风力最大，距海岸越远，风力越小。海风的水平范围和垂直范围都比陆风大，强度也比陆风大。海陆风对滨海地区的气候有一定的影响，白天海风带来大量水蒸气，使陆地空气湿度增大，易形成云雾和降水。海风可使沿岸陆地温度降低，夏季不致太热。

考题模拟

26. 形成海陆风的对流性环流的原因是（　　　）。
　A. 从海洋吹向陆地的空气较暖，密度小，使空气上升
　B. 陆地吸收和散发热量的速度比海洋快
　C. 从海洋吹向陆地的空气冷，密度大，使空气上升
　D. 海洋吸收和散发热量的速度比陆地快

（3）峡谷风　气流由开阔地区进入山谷、隘口、海峡等时，因通道变窄使气流加速而形成的强风称为峡谷风。图 2-16 所示的我国新疆阿拉山口是一个典型的峡谷地形，平均每年有 8 级以上大风 166 天，最大风速超过 40m/s（仪器最大刻度）。

（4）焚风　焚风是指越山气流迅速下沉到较低山麓或平原上所形成的干热风，是一种由地形作用形成的地方风系。

焚风常在气流越山时，在山的背风坡形成，或是在高压区中，空气下沉也可产生焚风。越山气流在迎风坡上被迫抬升而逐渐降温，使水蒸气凝结，引起降雨，空气变干，越过山顶后沿坡下沉，气温上升。这是由于在迎风坡上水蒸气饱和，气温随高度按湿绝热递减率变化，即高度每上升 100m 气温降低约 0.6℃，而背风坡

图 2-16　我国新疆阿拉山口

不饱和气流则按干绝热递减率变化，即高度每下降 100m 气温增加 1℃ 左右，因此背风坡同高度上的气温就要比迎风坡上的气温高得多，使得到达背风坡下部和山麓的气流既热又干，如图 2-17 所示。强烈的焚风所经之处，植物迅速发黄以至枯萎，犹如经火焚烤，故称焚风。当山脉为反气旋控制时，空气沿山顶向山坡下沉，也可以产生焚风现象，称为反气旋焚风。与前一种焚风的不同之处在于反气旋焚风同时发生在山脉两侧。其强度取决于气团的稳定性和反气旋的强度。

图 2-17　焚风

焚风最初指发生在欧洲阿尔卑斯山北麓的干热风。北美洲落基山东坡的钦诺克风、伊朗的萨蒙风、新西兰的诺尔威斯脱风等都属于这一类风。我国大兴安岭东坡、天山南坡、喜马拉雅山北坡、横断山脉河谷等地也有焚风发生。

焚风可以促进春雪消融，作物早熟。初春的焚风可使积雪融化，有利灌溉；夏末的焚风，可使谷物和水果早熟。但强大的焚风易引起森林火灾、干旱等自然灾害。在高山地区，焚风还会造成融雪，使上游河谷洪水泛滥，有时还会引发雪崩。

(5) 城市风　城市风是指在大范围环流微弱时，由于城市热岛而引起的城市与郊区之间的大气环流。空气在市区上升，在郊区下沉，而四周较冷的空气又流向市区，在城市和郊区之间形成一个小型的局地环流，称为城市风，如图 2-18 所示。由于城市风的存在，城区的污染物随热空气上升，而在城市上空时常笼罩着一层烟尘等形成的穹形尘盖，使上升的气流受阻，污染物不易扩散，因此上升的气流转向水平运动，到了郊区下沉，与此同时，下沉气流又流向城市的中心。

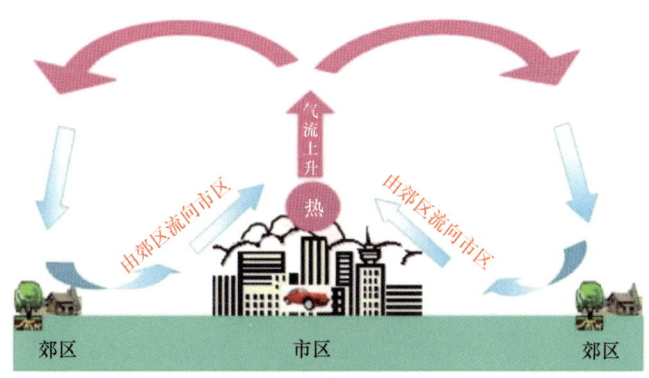

图 2-18　城市风

(6) 布拉风　布拉风是一种从山地或高原经过低矮隘道向下倾落的寒冷暴风。这种风是在较低的寒冷高原上的严寒空气，受暖海面气温的吸引，倾泻而下的极严寒的地方性风，如图 2-19 所示。北半球冬季，我国天山南侧、长白山地区以及其他山地、高原边缘会有布拉风出现。

图 2-19　布拉风

（7）冰川风　冰川风是指在冰川谷地中，由于冰川表面的空气温度比谷中同高度的空气温度低，近冰川表面的空气冷缩，冷而重的空气在冰川上形成沿冰川下坡方向流动的风，如图 2-20 所示。它是一种下降风，风速可达 3~10m/s。

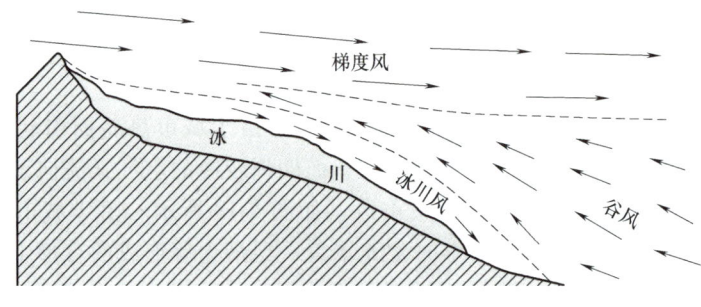

图 2-20　冰川风

6. 风对飞行的影响

影响航空器飞行的风主要有逆风、顺风、侧风、风切变和地方性风五种类型。

（1）逆风　迎面吹向航空器的风为逆风。由于逆风会增加空气和机翼的相对速度，即在相同推力下可以增加航空器的升力，例如固定翼无人机在逆风条件下起飞和降落时可缩短滑跑距离。因此，航空器一般在逆风条件下起飞或降落。

但在飞行过程中，逆风降低了航空器的对地速度，增加了飞行时间和燃油消耗。比如，地球中纬度高空盛行西风，因此由我国飞往欧洲的航班所用飞行时间要比由欧洲飞回我国的飞行时间长。

27. 如果在机场中只有一条跑道，其跑道使用方向应保证航空器能够（　　）。
A. 顺风起降　　B. 逆风起降　　C. 侧风起降　　D. 无风起降

28. 当航空器以一定速度逆风起飞时，（　　）。
A. 升力和滑跑距离都减小　　B. 升力增大，滑跑距离减小
C. 升力减小，滑跑距离增大　　D. 升力和滑跑距离都增大

（2）顺风　和飞行方向相同的风，即从航空器后面吹来的风为顺风。由于顺风会减小升力，因此通常会避免航空器在顺风条件下起飞或降落。但是在巡航过程中要尽可能利用顺风来增加航空器对地速度，减少飞行时间和燃油消耗。仍用地球中纬度高空西风带的例子，中美航班去程，驾驶员一般利用西风带的顺风风力，选择从北太平洋航路飞往美国，而回国时为了避免西风带对飞行时间的影响，往往选择路线更近的北极航路。

（3）侧风　从侧面吹来的风为侧风，它也是航空器最怕遇到的风。航空器降落时如遇到侧风剧变，会偏离跑道中线。在强烈侧风之下进场降落，是民航飞机其中一种最复杂和危险的飞行动作。当侧风的风速大过一定速度时则不允许航空器起降，否则，会发生事故，如图 2-21 所示。可以通过蟹形（改变航向）进场及侧滑进场两种方法对飞行方向进行补偿。

图 2-21　飞机着陆遇侧风

考题模拟

29. 无人机左侧风中起飞，侧风有使机头向（　　）偏转的趋势。
A. 左　B. 右　C. 视风速的大小可能向左也可能向右　D. 无

30. 侧风中着陆，为了修正偏流角，采用（　　）既可以修正偏流角，又能使航空器的升阻比不减小。
A. 侧滑法　　B. 改变航向法和侧滑法相结合
C. 改变航向法　D. 正常操作

（4）风切变　风切变是指风向和风速在空中水平或垂直距离上的变化，主要是由锋面（冷暖气团的交界面）、逆温层、雷暴、复杂地形和地面摩擦效应等因素引起的。风切变可以出现在高空，也可以出现在低空，出现在离地面约 600m 高度以下的称为低空风切变。低空风切变是引发飞行事故的主要因素，风切变飞行事故都发生在 300m 高度以下的起飞和着陆阶段，尤其以着陆阶段为甚，不仅能使航空器偏离航迹，而且会破坏航空器的稳定性。若航空器在着陆时突然遇到逆风切变，则航空器的空速会突然增大，升力增大，航空器上仰并上升到下滑航道之上；若遇到顺风切变，航空器的空速会突然减小，升力减小，航空器将掉至下滑航道以下；若遇到垂直风切变，先遇强逆风，后遇猛烈的下沉气流，随后又是强顺风，航空器就像狂风中的树叶被抛上抛下，失去控制，因此极易发生严重的坠落事件，如图 2-22 所示。

低空风切变

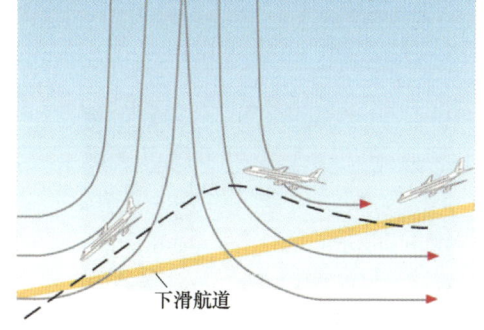

图 2-22　航空器遇到垂直风切变

考题模拟

31. 以下关于风切变出现的地方说法正确的是（   ）。
   A. 仅在雷暴中出现   B. 在气压和温度急剧下降的地方出现
   C. 在大气中任何高度上存在风向或风速变化的地方
   D. 仅在逆温型的低空急流天气中出现

32. 在航空器着陆时突然遇到逆风切变，会出现（   ）现象。
   A. 航空器空速突然增大，升力增大，航空器上仰并上升到下滑航道之上
   B. 航空器高度下降，空速减小，未到正常着陆点而提前着陆
   C. 航空器高度下降，空速增大，超过正常着陆点着陆
   D. 航空器空速突然减小，升力减小，航空器将掉至下滑航道以下

目前，对付风切变的最好办法就是设法避开它。虽然航空器的气象雷达大多加装了PWS预测风切变功能，但受到不同环境的影响，有时不足以触发风切变警告。因此，在对飞行有明显影响的天气条件下，驾驶员需要采用目视法并借助驾驶舱仪表判断是否可能遭遇风切变，而不能等待风切变警告出现后再实施规避动作。如果航空器在降落时遭遇风切变，复飞是驾驶员使用的常规手段。

采用目视判断风切变的方法主要有以下三种。

1）有雷暴冷性外流气流的尘云（图2-23）。雷暴型风切变都有冷性外流气流，前缘阵风锋的强劲风速会把地面的尘土吹起相当的高度，尘土恰好随气流而动，结果往往呈现出外流气流外形高度，其高度亦代表了强度。一旦驾驶员或地面人员见到尘云出现就应高度警惕，视其高度距离立即采取措施。因为紧跟尘云的往往就是风速差平均可达25m/s、最大可达48m/s的强风切变，抵达时间仅为几分钟。

2）有雷暴云体下垂的雨幡（图2-24）。与雷暴云体关联的雨幡是下降气流、下冲气流乃至微下冲气流的有力征兆。雨幡的个体形状、颜色深浅、离地高度都和风切变的强度有关。通常雨幡下垂高度越低，个体形状越大，色泽越暗，预示着风切变越强，下冲气流的速度越大。航空器在飞行时不能穿越雨幡，因此一旦见到雨幡就应重视，不仅要避免直接相遇而且要保持一定距离，其可视雨柱四周约1~2km范围可能存在强烈的风切变。

图2-23 雷暴冷性外流气流的尘云

图2-24 雷暴云体下垂的雨幡

3）有滚轴状云（图2-25）。在雷暴型和强冷锋型风切变中，强型的冷性外流气流往往

存在明显的涡旋运动结构，从远处看，似贴地滚滚而来的一堵云墙，气势磅礴。其色当伴有尘云时多为黄褐色，不伴时多为乌黑灰暗的色泽，云底高度一般在几百米以下。这种云状预示着强烈的地面风和低空风切变的来临。

借助座舱仪表判断风切变的方法主要有以下四种。

图 2-25　滚轴状云

1）空速表。空速表是航空器在遭遇风切变时，反应最灵敏的仪表之一。一旦空速表出现异常指示，飞行员应立即警惕风切变的危害。当空速表指示突然改变 15~20n mile/h（n mile 为海里，1n mile = 1.852 km）时，应视为风切变信号，不宜起降航空器。

2）高度表。高度表指示的是正常下滑高度，是航空器进近着陆的重要数据。在航空器下滑过程中，当高度表短时间大幅偏离正常值时，表明可能遭遇了风切变，必须立即采取措施复飞，确保飞行安全。

3）升降速率表。升降速率表与高度表关系密切，在遭遇风切变时反应明显。若下降速度短时间内改变值达 500ft/m（1ft = 0.3048m），则认为遇到强风切变，飞行员应当采取相应措施应对风切变带来的不利影响。

4）俯仰姿态指示器。遭遇风切变时，俯仰角指示迅速发生变化，当改变突然超过 5°时，即认为遭遇到风切变，飞行员应中止进近着陆操作。

考题模拟

33. 以下采用目视判断风切变的方法中不正确的是（　　）。
   A. 雷暴冷性外流气流的尘云　　B. 卷积云带来的降雨
   C. 雷暴云体下垂的雨幡　　D. 滚轴状云

34. 以下采用仪表判断法判别风切变的方法不正确的是（　　）。
   A. 空速表指示的非理性变化　　B. 俯仰姿态指示器指示快速变化
   C. 发动机转速和地速快速变化　　D. 升降速率表指示快速变化

（5）地方性风　在山区和城市上空飞行时，航空器一定要在安全高度以上，因为在这些地方会形成地方性风（山谷风、峡谷风、布拉风、焚风、冰川风、城市风），航空器容易遇到上升或下沉湍流，产生剧烈颠簸。如图 2-26 所示，航空器在山谷时常靠近山坡迎风侧飞行。当风沿着山坡迎风侧平稳地向上流动时，上升的气流会帮助航空器飞越山脉的顶峰，而山坡背风侧的效果则不一样。当风在山坡背风侧向下流动时，空气顺着地形

图 2-26　山谷中飞行

的轮廓流动，湍流逐渐增加。这就趋向于把航空器推向山的一侧，风越大，向下的压力和湍流就变得越强烈。由于在山谷或峡谷中地形对风的影响，强烈的向下气流可能相当严重。

考题模拟

35. 当在山谷、山脊或山区进行低空飞行时，（　　）最容易遇到乱流造成的危险。
A. 在山的背风侧顺风飞行　　B. 在山的背风侧逆风飞行
C. 在山的迎风侧逆风飞行　　D. 在山的迎风侧顺风飞行

2.2.2　垂直运动

空气的垂直运动包括上升（热膨胀）和下沉（冷却）运动，如图2-8所示。垂直运动的水平范围较小（几公里到几十公里），持续时间较短（几十分钟到几小时），但垂直速度大，可达1~30m/s。它会造成雷暴云，产生阵性降水、雷雨大风或冰雹等不稳定天气，对航空器的飞行有很大的影响。

1. 形成原因

在垂直方向上，作用在单位体积空气块的力主要有重力（$\rho'g$）和浮力（ρg），如图2-27所示。

由图2-27可知，单位体积空气块受到合力为

$$F_{合}=(\rho-\rho')g \tag{2-7}$$

式中　ρ'——空气块的密度，kg/m^3；
　　　ρ——空气块周围空气的密度，kg/m^3。

当浮力大于重力时，即$\rho>\rho'$，空气块向上运动；反之，当$\rho<\rho'$时，空气块向下运动。

2. 类型

（1）对流　对流是指大气中的一团空气在对流冲击力作用下的强烈而比较有规则的升降运动。局地空气的热升冷降运动，就是空气的对流运动，如图2-8所示。对流的产生取决于对流冲击力和大气稳定性。

1）对流冲击力。使原来静止的空气产生垂直运动的作用力，称为对流冲击力。根据产生原因的不同，可将对流冲击力分为热力对流冲击力和动力对流冲击力。

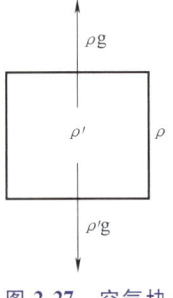

图2-27　空气块受力分析

① **热力对流冲击力**是由地面热力性质差异引起的，如图2-28所示。

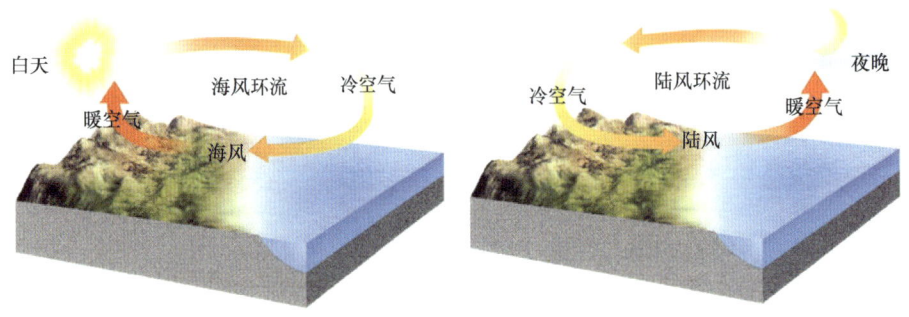

图2-28　热力对流冲击力

白天，在太阳辐射作用下，耕地、山岩地、沙地、城市比水面、草地、林区、农村升温快，其上空气受热后温度高于周围空气，因而体积膨胀，密度减小，浮力大于重力而产生上升运动。天气晴朗，太阳辐射强，这种作用越发明显。

夜晚的情形正好与白天相反，山岩地、沙地等降温快，其上空气冷却收缩，产生下沉运动。

② 动力对流冲击力是因空气运动时受到机械（地形、锋面等系统）抬升作用而引起的，如山坡迎风侧对空气的抬升。

考题模拟

36. 使原来静止的空气产生垂直运动的作用力，称为（　　）。
A. 对流冲击力　B. 气动作用力　C. 热力作用力　D. 偏转力

37. 白天，在太阳辐射作用下，山岩地、沙地、城市比水面、草地、林区、农村升温快，其上空气受热后温度高于周围空气，因而体积膨胀，密度减小，浮力大于重力而产生上升运动。这种现象会引起（　　）。
A. 压差作用力　B. 温差作用力　C. 热力对流冲击力　D. 动力对流冲击力

2）大气稳定度。气层内某一气块受垂直方向的扰动后，返回或远离原来平衡位置的趋势和程度，称为大气稳定度，即大气对垂直运动的阻碍程度。其状态主要有如下三种。

① 稳定状态是指一空气块移动后，逐渐减速，并有返回原来高度的趋势的状态。

② 弱稳定状态（中间平衡状态）是指将一空气块推到某一高度后，既不加速也不减速，而是停下来的状态。

③ 不稳定状态是指一空气块移动后，加速向上或向下运动的状态。

简而言之，大气受到垂直方向扰动后，大气层结（温度和湿度的垂直分布）使该气团具有返回或远离原来平衡位置的趋势，又称大气垂直稳定度、层结稳定度、对流（性）稳定度。大气的稳定是相对的，而大气的不稳定（运动）是绝对的。

考题模拟

38. 大气稳定度指整层空气的稳定程度，有时也称大气垂直稳定度，以（　　）运动来判定。
A. 大气的气温垂直加速度
B. 大气的气温垂直速度
C. 大气的气压垂直速度
D. 大气的气压垂直加速度

（2）系统性垂直运动　大范围空气有规则的升降运动称为系统性垂直运动，一般产生于大范围空气的水平气流辐合区和辐散区以及冷空气和暖空气交锋区。在实际大气的摩擦层的低压区中，风是斜穿等压线吹向低压中心，水平气流是辐合的，越靠近地面，气流与等压线交角越大，辐合作用越强，因此低压区盛行上升运动，如图2-29a所示；在高压区中则相反。

当风吹向山的迎风侧时，越接近山坡风的水平速度越慢，形成空气辐合，在山的迎风侧产生系统性上升运动。

（3）大气波动 在重力作用下产生的波动称为重力波。重力波的形成原因有两种，一种是当两层密度不同的空气发生相对运动时，在其交界面上会出现波动，如图 2-30 所示，与风吹过水面时引起水面波动的原理相同；另一种是当有较强的风吹过山脉时，由于山脉对气流的摩擦作用，在一定条件下，可在山的背风侧形成重力波，称为山地背风波（图 2-31）或山岳波。

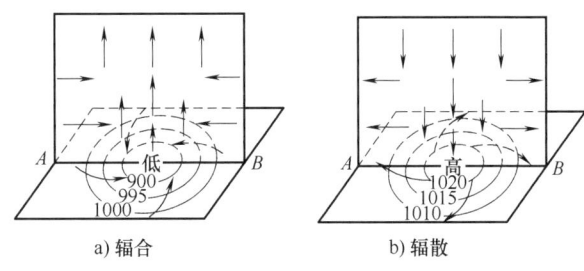

图 2-29 因水平辐合和辐散而引起的垂直运动

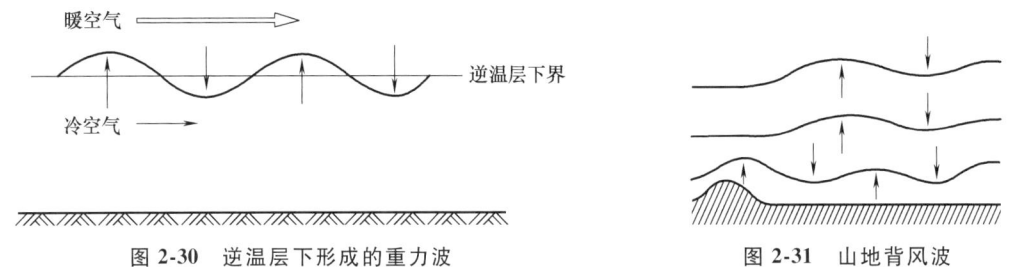

图 2-30 逆温层下形成的重力波　　　图 2-31 山地背风波

（4）大气乱流 空气不规则的涡旋运动称为乱流，又称湍流或扰动气流。乱流涡旋是由大气中的气流切变引起的。气流切变是指气流间速度和方向的差异，会使航空器产生强烈颠簸，驾驶员应迅速采取适当措施稳住航空器。

根据产生原因的不同，可把乱流分为热力乱流和动力乱流。热力乱流是指因局部地面受热不均匀而形成的不规则小型气流和小型涡旋；动力乱流可由地面障碍物、上下层空气的风速差等原因引起。实际大气中的乱流常由热力、动力两种原因共同引起。当地面障碍物多而高、风速大、风速差较大时，乱流成因以动力为主；当风速小、地面受热不均匀时，乱流成因以热力为主。

2.2.3 气象条件及其对飞行的影响

由于大气的运动，常形成降水现象（如雨、雪、冰雹等）、地面凝结现象（如露、霜、雾凇等）、视程障碍现象（雾、霾、扬沙等）、雷电现象（雷暴、闪电等）、其他现象（如大风、结冰等）等天气现象，它们都会对飞行造成影响，可能导致飞行事故、延误和取消航班。下面将介绍它们情况及其对飞行影响。

1. 降水

大气降水时必有云，但有云未必有大气降水。从云中降落到地面上的液态水或固态水，统称为大气降水，包括雨、雪、冰雹等。

组成云体的云滴、冰晶等随着气流的运动会不断冲撞、合并而增大。当云滴体积增长到足够大，以致气流不能再将其托住时，云滴便开始下降。在下降过程中，如果云滴不被蒸发，最终形成降水。一般情况下，高空形成的大冰晶在进入较暖气层后会融化，和大水滴一起以雨的形式降落，但如果气温低于 0℃，冰晶来不及融化，就会以雪、冰雹等固态水的形式降落。

降水对飞行的影响主要体现在以下四个方面。

1）降水会降低航空器起飞与着陆时的能见度，还可能引发积冰、风切变等天气现象。

2）当过冷的雨滴接触航空器表面时，可能会迅速冻结，会造成航空器结冰，增加飞行阻力并影响飞行性能。

3）跑道被降水淋湿后颜色变暗，驾驶员在目测着陆时容易把高度估计得偏高，从而影响着陆的准确性和安全性。

4）降水附着在跑道上，会使机轮与跑道之间的摩擦力减小，导致航空器的滑行距离增大，增加了着陆滑跑的风险。

2. 视程障碍（能见度）

视程障碍是指由于空气中存在水气凝结物（如雾、云滴等）或干质悬浮物（如尘埃、烟粒等），使空气变得混浊，从而导致能见度下降的一类天气现象。当出现降雨、雾、霾、沙尘暴等天气现象时，能见度较差。国际上定义烟幕的能见度为小于或等于 5km，轻雾的能见度为 1~10km，雾的能见度为小于 1km，霾的能见度为小于 5km。

考题模拟

39. 以下对能见度的定义正确的是（　　）。
   A. 烟幕的能见度为小于或等于 5km B. 轻雾的能见度为 1~3km
   C. 霾的能见度为 3~5km D. 雾的能见度为小于 0.3km

测量大气能见度一般可采用目测法，也可使用大气透射仪、激光能见度自动测量仪等专业测量仪器进行测量。在气象学中，能见度用气象光学视程来表示。气象光学视程是指白炽灯发出的色温为 2700K 的平行光束的光通量在大气中衰减至初始值的 5% 时所通过的路径长度。最小能见度是指在能见度因方向而异的情况下，各个方向中最小的能见距离。

考题模拟

40. 测量大气能见度的错误方法是（　　）。
   A. 用望远镜目测　　　　　B. 使用大气透射仪
   C. 使用激光能见度自动测量仪　　D. 目测

41. 最小能见度是指（　　）。
   A. 在能看到最近的物体距离
   B. 在能见度因方向而异的情况下，各个方向中最小的能见距离
   C. 在能见度因方向而异的情况下，垂直能见度最小的距离
   D. 在能见度因方向而异的情况下，水平能见度最小的距离

能见度对航空器的起降有着最直接的关系。所谓的"机场关闭""机场开放""简单气象飞行""复杂气象飞行"，指的就是云和能见度的条件。对驾驶员来说，最重要的是跑道能见度，它是指航空器在下降着陆过程中，驾驶员能看清跑道近端的最远距离。

尽管现代机场和航空器都配备了先进的导航和着陆设备，但能见度对飞行的影响仍不能低估。据国际民航统计，从 1978 年到 1990 年，仅因烟雾影响能见度而造成飞机飞行事故，

就占因气象原因造成事故的16.9%。虽然先进的仪表设备能够帮助驾驶员在复杂的气象条件下着陆,但完全依靠这些设备来准确对准跑道仍然十分困难。在着陆的最重要阶段——从判断高度到接地,驾驶员仍需要依靠目视操纵,目前无法做到"盲目"着陆。航空器着陆时,驾驶员需要依靠目视跑道标志和跑道灯来定向和判断高度。如果能见度很低,目视将变得困难,起飞和着陆可能会有危险。

3. 雷暴

雷暴是指由对流旺盛的积雨云引起的、伴有电闪雷鸣的局地风暴,如图2-32所示。形成强烈的积雨云需要具备三个条件:深厚而明显的不稳定气层、充沛的水气和足够的冲击力。

图2-32 雷暴

考题模拟

42. 形成雷暴的基本条件是( )。
   A. 充足的水汽和上升运动　　B. 充足的水气、不稳定的大气和上升运动
   C. 浓积云、充足的水汽和锋区　　D. 不稳定的大气和上升运动

(1)形成阶段　根据垂直气流状况的不同,可将一般雷暴单体的生命期分为积云阶段、成熟阶段和消散阶段。

1)<u>积云阶段</u>。内部都是上升气流,并且随着高度的增加而增强。因为大量水气在云中凝结并释放潜热,所以云内温度高于同高度周围空气的温度。

2)<u>成熟阶段</u>。云中除上升气流,局部开始出现系统的下降气流和降水。此时,强烈的湍流、积冰、闪电、阵雨和大风等现象产生并不断发展。阵风风速通常可达20m/s,强烈时可以达到25m/s或以上。

3)<u>消散阶段</u>。下降气流遍布整个云体,并且云内温度低于周围空气。一般雷暴单体的水平尺度为5~10km,高度可达12km,整个生命期大约为1h。

考题模拟

43. 根据垂直气流状况的不同,可将一般雷暴单体的生命期分为( )。
   A. 积云阶段、成熟阶段、消散阶段　　B. 积云阶段、成风阶段、雷雨阶段
   C. 温升阶段、降雨阶段、消散阶段　　D. 积云阶段、成熟阶段、雷雨阶段

44. 在雷暴的整个生命期中,( )的特征使整个云体充满下降气流。
   A. 积云阶段　B. 成熟阶段　C. 消散阶段　D. 三个阶段

(2)雷暴对飞行影响　据科学家统计,在全国范围内,几乎每秒钟就有近100次雷电落地,每小时约有1800场雷雨发生。雷暴是一种极具危险性的天气现象,能够产生对航空器危害很大的电闪雷击、冰雹袭击、风切变和湍流,导致航空器颠簸、性能降低。强降雨还会使航空器的气动性能变差,甚至导致发动机熄火。虽然现在航空器的性能、机载设备和地面导航设施越来越先进,但这些技术进步只是为尽早发现雷暴、顺利避开雷暴提供了更有利

的条件。到目前为止,要完全消除雷暴对飞行的影响仍然是不可能的。

多个雷暴单体共同形成的强对流天气——飑线,是一种范围小、生命史短、气压和风发生突变的狭窄强对流天气带。飑线来临时会出现风向突变、风力急增、气压猛升、气温骤降等强天气现象。从天气雷达图上看,飑线就像一串糖葫芦,将多个雷暴或积雨云串联起来,如图2-33所示。在飑线附近,除了风、气压、气温的剧烈变化,通常还可能伴有雷电、暴雨、冰雹和龙卷风等剧烈的天气过程。因此,航空器在飞行中一定要避开飑线。

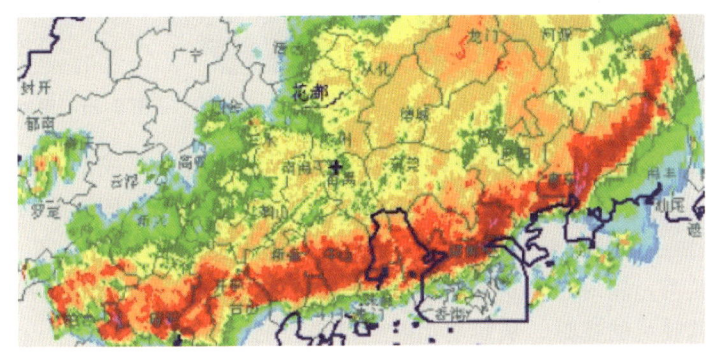

图2-33 飑线

考题模拟

45. 以下选项中,不确定是雷暴对航空器产生的危害是( )。
 A. 雷击和冰雹袭击   B. 风切变和湍流   C. 数据链中断   D. 颠簸、性能降低

4. 积冰

航空器积冰是指航空器表面某些部位聚集冰层的现象。它主要由云中过冷水滴或降水中的过冷雨滴碰到航空器后结冰形成,也可以由水气直接在机体表面凝结而成。航空器在云中飞行时间过长易导致积冰。此外,在寒冷季节,地面露天停放的航空器也会形成积冰。

结冰的基本条件是外界温度在0℃以下或航空器表面温度在0℃以下。在这种情况下,过冷状态的雨滴一旦与航空器表面接触,就容易结冰。

(1)积冰的分类 航空器积冰主要分为冰、雾凇和霜三种。

1)冰。冰可分为明冰、毛冰(半透明混合体)和白冰(颗粒状冰),对飞行影响最大的是明冰和毛冰。

① 明冰通常是航空器在温度为-10℃~0℃、含有大的过冷水滴的云中或过冷的雨区中飞行时形成的。明冰呈透明玻璃状(图2-34),表面平滑而坚固,主要出现在航空器尾翼前缘、航空器机头整流罩和发动机的进气口等部位。

② 毛冰通常是航空器在温度为-10℃~-6℃的大量过冷水滴、冰晶和雪花组成的混合云中飞行时产生的。毛冰表面粗糙且不透明,色泽如白瓷,冻结得坚固,是最危险和严重的积冰类型之一,如图2-35所示。

③ 白冰是航空器在温度为-10℃以下、含有比较均匀的小水滴组成的云中飞行时产生的。白冰呈白色,质地比较疏松,附在航空器表面,但不太牢固。如果飞行时间长或冰层厚度增大,白冰也能对飞行造成严重威胁。

图 2-34 明冰

图 2-35 毛冰

2)雾凇。雾凇是指航空器在温度低于-10℃的云中飞行时形成的一种白色、颗粒状的冰晶层（图 2-36）。雾凇表面粗糙不平，附在航空器表面，但不牢固，容易被气流吹走。

3)霜。霜是由于水气在航空器表面凝结而形成的白色小冰晶层（图 2-37），振动时容易从航空器表面脱落。霜对机翼的空气动力性能有显著影响。当霜出现在座舱风挡玻璃上时，会严重影响驾驶员的视野，从而增加航空器操控的难度。

图 2-36 雾凇

图 2-37 霜

考题模拟

46. 在下述各类航空器积冰中，对飞行影响最大的是（　　）。
A. 雾凇和毛冰　B. 明冰和毛冰　C. 毛冰和霜　D. 雾凇和霜

（2）积冰的形状和程度　积冰的形状和程度取决于冰的种类、航空器的飞行速度和气流绕过航空器的不同部位的情况。积冰的形状一般分为槽状、楔形和混合状，如图 2-38 所示。根据空勤人员获得的喷气式飞机积冰统计数据，槽状冰约占 30%，对飞机的空气动力性能影响最为严重；楔形冰约占 15%，基本是明冰；混合冰约占 55%。积冰牢固，对长途飞行的影响尤为严重。

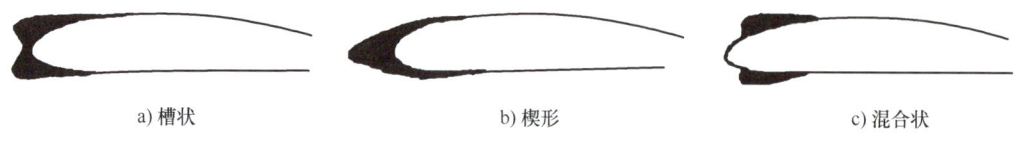

a) 槽状　　　　　　　　　b) 楔形　　　　　　　　　c) 混合状

图 2-38 积冰形状

考题模拟

47. 积冰的形状一般分为（ ）。
A. 槽状冰、楔形冰和混合冰　B. 凸状冰、凹状冰和混合冰
C. 圆形冰、方形冰和混合冰　D. 槽状冰、圆形冰和方形冰

积冰的严重程度可分为轻度、中度和严重度三种。

1）**轻度积冰**。在这种条件下长时间飞行（超过 1h），可能会对飞行产生一定影响。但如果间断性地使用除冰/防冰设备来清除或防止冰的积聚，则不会对飞行安全造成威胁。

2）**中度积冰**。冰的积聚速度很快，甚至在短时间内就可能构成危险。因此，需要使用除冰/防冰设备或改变航向来应对。

3）**严重积冰**。冰的积聚速度非常快，即使使用除冰/防冰设备也无法有效减少或控制危险。在这种情况下必须立即改变航向，并且需要向交通管制（ATC）报告。

考题模拟

48. 根据积冰强度的不同，可将其分为（ ）。
A. 霜、雾凇和冰　　　B. 轻度、中度和严重
C. 微弱、弱和中度　　D. 弱、中度和强

（3）积冰的概率　航空器积冰的概率取决于多种因素，主要包括天气条件、飞行高度上云层出现的概率、云的含水量、气温、云中水滴和冰晶的大小及它们在单位时间内落在单位面积上的数量、水滴的冰结速度、气流绕过航空器各部位的特点（即航空器的空气动力特性）以及飞行速度。其中，由过冷水滴组成的浓密云层中，积冰概率最大。

飞行实践表明，在锋面云中，当飞行高度的温度条件适宜时，积冰概率比较大。此外，锋面云中的中度积冰概率比均匀气团中高出约 1 倍，而强烈积冰的概率则高出约 8 倍。

云层温度是影响航空器积冰概率的主要参数之一。据有关报道，飞行在温度为 −40℃ ~ 0℃ 甚至更低的云层温度下，都有积冰可能。综合英国、美国、日本及俄罗斯的有关积冰发生概率统计报告，可以得出下述结论：航空器积冰一般发生在 −20℃ ~ 0℃ 的温度范围，尤其在 −10℃ ~ −2℃ 的范围积冰的次数最多，而强烈的积冰主要发生在 −8℃ ~ −2℃ 的温度范围。就季节而言，不同季节航空器积冰概率不同，在冬、秋两季积冰概率比较高。

飞行高度不同，航空器积冰概率也不同。根据相关统计分析，在冬季，当航空器在 3000m 以下（含 3000m）的高度飞行时，积冰概率为 56%；在 6000m 以上的高度飞行时，积冰概率为 21%。相比之下，在夏季，航空器在 3000m 以下高度飞行时，积冰现象明显减少，几乎可以忽略不计；在 6000m 以上高度飞行时，积冰概率为 62%。

考题模拟

49. 关于航空器积冰，下列说法正确的是（ ）。
A. 航空器积冰一般发生在 −1℃ ~ −15℃ 的温度范围
B. 在 −10℃ ~ −2℃ 的温度范围遭遇积冰的次数最多

C. 强烈的积冰主要发生在-4℃~-8℃的温度范围

D. 飞行在0℃~-20℃甚至更低的云层温度下，都有积冰的可能

50. 飞行高度不同，航空器积冰概率也不同，以下说法不正确的是（　　）。

   A. 冬季在3000m以下各高度飞行时，积冰概率为56%

   B. 冬季在3000m以上各高度飞行时，积冰概率为56%

   C. 夏季在6000m以上高度飞行时，积冰概率为62%

   D. 冬季在6000m以上各高度飞行时，积冰概率为21%

（4）积冰对航空器性能的影响

1）破坏航空器的空气动力特性和飞行特性。机翼和尾翼积冰会使翼型形状失真，导致摩擦阻力和压差阻力都增大，升力系数下降。此外，积冰还可能引起航空器抖动，使操控变得困难。

2）降低动力装置效率，甚至产生故障。进气系统结冰（图2-39）会改变其空气动力特性，增加流动阻力，使进气流场分布不均，轻则导致气流畸变，引起压气机叶片振动，重则导致发动机熄火或停车，造成致命后果。此外，如果发动机进气系统结冰，防冰系统开启滞后，还可能造成脱落的冰屑被压气机吸入，从而引发压气机机械损伤。

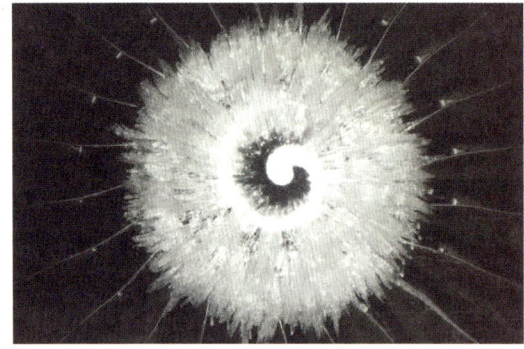

图2-39　进气系统结冰

3）影响仪表和通信，甚至使之失灵。空速管和静压孔积冰会使仪表系统读数失真，天线积冰会使无线电通信失效，风挡积冰会影响驾驶员的目视条件，操纵面（如襟翼、副翼等）积冰会影响操纵面的控制效果，起落架积冰会在收轮时损坏起落架或相关设备等。

积冰是可以事先防治的，只要提前启动防冰装置，一般可避免积冰的形成。即使航空器无防冰装置，积冰后只要及时改变飞行高度，向上或向下飞离积冰层，也可化险为夷。

考题模拟

51. 当机翼和尾翼积冰时，下列描述不正确的是（　　）。

   A. 翼型形状失真（变形）　B. 摩擦阻力减少　C. 压差阻力增大　D. 升力减小

52. 进气道结冰将导致危险的后果，下列描述不正确的是（　　）。

   A. 使进气速度场分布不均匀和使气流发生局部分离，引起压气机叶片的振动

   B. 冰屑脱离进入压气机，造成压气机的机械损伤

   C. 结冰堵塞进气道，使得进入压气机的气流明显减少，导致发动机富油停车

   D. 使进气流场分布不均，轻则发生气流畸变，重则导致发动机熄火或停车

2.3 气团与锋

2.3.1 气团

气团是指气象要素（主要指温度和湿度）水平分布比较均匀，并具有一定垂直稳定度的较大范围空气团。在同一个气团内，水平方向上大气的物理属性（如温度、湿度和稳定度）几乎相同，各地气象要素的垂直分布也基本一致，天气现象也大体相同。气团的水平范围可从几十公里到几千公里，垂直高度范围可从地面延伸到对流层顶，范围为几公里到十几公里。

考题模拟

53. 一般而言，气团的垂直高度可从地面延伸到对流层顶。其水平范围为（　　）。
  A. 几十公里到几千公里　　B. 几十公里到几百公里
  C. 几公里到几百公里　　　D. 几公里到几十公里

1. 分类

（1）按热力性质　可将气团分为冷气团和暖气团。冷气团是指气团的温度低于其所流经地区下垫面温度的气团；相反，当气团的温度高于其所流经地区下垫面温度时，这种气团被称为暖气团。两种气团的气象要素特点见表2-4。

表2-4　冷气团和暖气团的气象要素特点

气团	温度	气压	密度	湿度
冷气团	低	高	大	小
暖气团	高	低	小	大

（2）按湿度特征　可将气团分为干气团和湿气团。其中，大陆性气团为干气团，海洋性气团为湿气团。

（3）按发源地　可将气团分为北冰洋气团、极地气团、热带气团和赤道气团。

考题模拟

54. 以下关于气团的分类方法正确是（　　）。
  A. 冷气团和干气团　　　B. 暖气团和湿气团
  C. 冷气团和湿气团　　　D. 北冰洋气团、极地气团、热带气团、赤道气团

2. 形成和变性

（1）形成的条件　气团的形成需要两个基本条件：一是地表性质比较均匀的下垫面，如广阔的海洋、冰雪覆盖的大陆或一望无际的沙漠等；二是相对稳定的环流形势。由于我国地表性质复杂，缺乏大范围均匀的下垫面和缓行的环流条件，因此难以成为气团的源地。活跃在我国境内的气团大多是来自外地的变性气团。冬季主要以极地大陆气团变性而成的变性

极地大陆气团为主;夏季以变性热带海洋气团和变性热带大陆气团为主。春、秋季节,南北两类气团互有进退。

(2) 变性　大气处在不断的运动中。当气团在其广阔的源地上取得与源地大致相同的物理属性后,离开源地移至与源地性质不同的下垫面时,二者间会发生热量与水分的交换,气团的物理属性会逐渐发生变化,这个过程称为气团的变性。

不同的气团,其变性的速度是不同的。一般说来,冷气团移到较暖的地区时变性较快,而暖的气团移到较冷的地区时变性较慢。这是因为,当冷气团离开源地后,气团低层会逐渐变暖、增温,趋于不稳定,对流容易发展,能很快地把低层的热量和水气向上输送,因此变性较快。相反,当暖气团离开源地后,由于气团低层不断变冷,气团逐渐趋于稳定,对流不容易发展,因此变性较慢。

 考题模拟

55. 下面关于气团的叙述正确的是（　　）。
  A. 我国地域广大,能形成各种气团　　B. 气团离开源地,其性质将会发生变化
  C. 气团只形成于极地和大洋地区　　　D. 暖气团移到冷的地区变性较快

2.3.2　锋

当温度或密度差异较大的两个气团相遇时,会形成一个狭窄的过渡区域,整个过渡区域称为锋;这个过渡区域所形成的面称为锋面;锋面与地面相交的线称为锋线,如图 2-40 所示。

锋及锋面

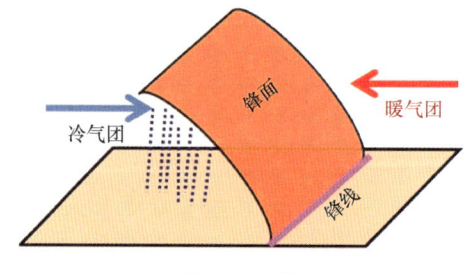

图 2-40　锋

锋面的长度有长有短,短的可达数百公里,长的可达几千公里,从地面到高空中,锋面会逐渐变宽,并且呈现出倾斜的状态。在这种倾斜的锋面中,冷空气位于下方,暖空气位于上方。

 考题模拟

56. 关于锋面,下列描述正确是（　　）。
  A. 锋面就是不同方向的风交汇的界面
  B. 锋面就是温度、湿度等物理性质不同的两种气团的交界面
  C. 锋面就是风场与地面的交线,也简称为锋
  D. 锋面短的数百公里,长的有几千公里,由下而上逐渐随高度变窄

1. 分类

根据锋在移动过程中冷、暖气团所占的主次地位的不同,可将锋分为冷锋、暖锋和准静止锋。

(1) 冷锋　冷锋是指冷气团主动向暖气团移动形成的锋,如图 2-41 所示。

(2) 暖锋　暖锋是指暖气团主动向冷气团移动形成的锋,如图 2-42 所示。

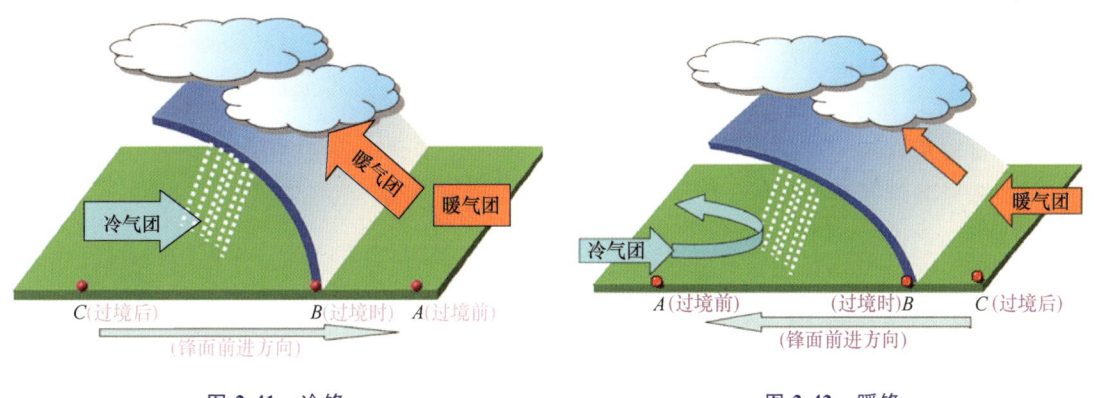

图 2-41　冷锋　　　　　　　　　图 2-42　暖锋

(3) 准静止锋　准静止锋是指当冷气团和暖气团势力相当,锋面移动缓慢或静止形成的锋。

2. 锋对天气的影响

(1) 冷锋天气　典型冷锋过境之前,天空中通常会出现卷云或高耸的积云,有时还会出现积雨云。由于云层的快速发展,阵雨和阴霾也较为常见。高露点和大气压力的降低通常预示着冷锋即将来临。冷锋过后,高耸的积云和积雨云逐渐消散成积云,降水量也随之减少。最终,能见度显著改善,西风或西北风开始盛行。气温变得更冷,但是大气压力持续升高,具体特征见表 2-5。冷锋通常来势迅猛,几乎没有预警,可能在几个小时内引起天气状况的完全改变。冷锋过境后,天气很快放晴,无限能见度的干燥空气取代之前的暖空气,俗话说,"一场秋雨一场寒"。

(2) 暖锋天气　暖锋过境时,天气通常变得温暖湿润,气温上升,气压下降,多云且易出现降水天气。暖锋的移动速度比冷锋慢,可能出现连续性的降水和雾,导致能见度较差,具体特征见表 2-5。暖锋来临前通常会有明显的预警信号,可能要好几天才能完全经过一个地区,逐渐取代之前的冷空气,正所谓"一场春雨一场暖"。

表 2-5　锋与天气

锋	天气变化		
	过境前	过境时	过境后
冷锋	气温高、气压低、晴朗	暴雨、大风	气温降低、气压升高、晴朗
暖锋	气温低、气压高、晴朗	阴雨、刮风	气温升高、气压降低、晴朗

(3) 准静止锋天气　和准静止锋有关的天气通常是混合的,会出现连续性的阴雨天气(可持续一个月),如梅雨。

> **考题模拟**

57. 暖锋是指（　　）。
A. 锋面在移动过程中，暖空气推动锋面向冷气团一侧移动的锋
B. 一侧气团温度明显高于另一侧气团温度的锋
C. 温度较高与温度较低的两个气团交汇时，温度高的一侧
D. 冷气团主动向暖气团移动形成的锋

58. 在快速移动的冷锋之后（　　）。
A. 可能出现乌云密布的天空和下雨　　B. 天空通常很快放晴
C. 阵风减缓和温度升高　　D. 气温升高、气压降低

2.4　航空气象资料

航空气象资料是一项全球性的广播服务，通过无线电短波或甚高频频率发送机场天气预报（TAF）、向航空器发出的危险天气警告及机场天气报告。这些资料主要包括地面天气图和卫星云图。

2.4.1　地面天气图

地面天气图是一种综合天气图，填绘有同一时刻地面观测所得到的各种气象要素和天气现象的综合天气图。它既能直接反映近地面的气温、露点、风向、风速、水平能见度和海平面气压等观测记录，又能反映一些空中的天气情况，如云量、云状和云高。此外，地面天气图还可以清晰地展示地面天气系统和天气现象的分布，是天气分析和预报的重要工具。

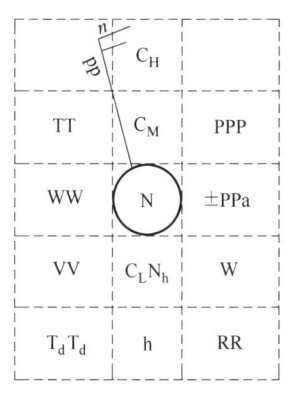

图 2-43　我国的陆地测站填图格式

1. 地面天气报告的填图格式

地面天气图上的各种资料是按照国际规定格式填写的。填图格式有两种：一种是陆地测站的填图格式，另一种是船舶测站的填图格式。我国的陆地测站填图格式如图 2-43 所示。

图 2-43 中各符号含义见表 2-6。

表 2-6　我国的陆地测站填图符号含义

符号	含义	符号	含义
╱	风向	╱	风速
RR	降水量	C_H	高云状
TT	气温	C_M	中云状

(续)

符号	含义	符号	含义
PPP	海平面气压,以后三位数字表示,最后一位为小数,单位是hPa。例如035,代表气压为1003.5hPa	WW	现在天气现象
○	空白底图上相应的测站,站圈	±PPa	三小时气压倾向,"+"表示过去三小时气压升高,"-"表示过去三小时气压降低
VV	水平能见度	$C_L Nh$	低云状低云量
W	过在天气现象	$T_d T_d$	露点温度
h	低云云高,以数字表示,单位为米		

2. 常用分析项目

地面天气图的常用分析项目包括海平面气压场和等三小时变压场。海平面气压场分析，就是在地面图上绘制等压线，即将气压数值相等的各点连成线。通过绘制等压线，能够清楚地展示气压在海平面上的分布情况，如图2-44所示。在地面天气图上填写的气压是经过订正的海平面气压，根据图上等压线，还可以观察出气压梯度的大小和方向。

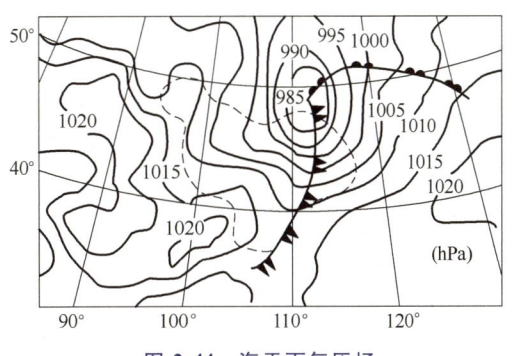

图 2-44 海平面气压场

考题模拟

59. 根据地面天气图上的等压线，能分析出（　　）。
A. 降水区域　　B. 气压梯度　　C. 槽线位置　　D. 风速

2.4.2　卫星云图

卫星云图由气象卫星自上而下观测到的地球上的云层覆盖和地表面特征的图像。利用卫星云图可以识别不同的天气系统，确定它们的位置，估计其强度和发展趋势，为天气分析和天气预报提供依据。在海洋、沙漠、高原等缺少气象观测台站的地区，卫星云图所提供的资料能够弥补常规探测资料的不足，对提高预报准确率起到重要的作用。

1. 分类

卫星云图可分为红外线卫星云图（简称"红外云图"）、可见光卫星云图（简称"可见光云图"）和水气图三类。因为水气图使用较少，所以下面只介绍红外云图和可见光云图。

考题模拟

60. （　　）不是卫星云图。
A. 红外卫星云图　　B. 可见光卫星云图　　C. 多光谱卫星云图　　D. 水气图

（1）红外云图　红外云图是指卫星在 10.5～12.5μm 波段测量地表和云面发射的红外辐射，并将这种辐射以图像的形式表示出来，如图 2-45 所示。在红外云图上，物体的色调取决于其自身的温度。物体温度越高，发射的红外辐射越强，色调越暗；反之，温度越低、色调越亮。因此，红外云图本质上是一张温度分布图。

由于地面的温度通常较高，因此在红外云图上呈现较暗的色调。因大气温度随高度递减，云顶高而厚的云温度较低，故在红外云图上呈明亮的白色。因低云的云顶温度较高，与地面相近，故在红外云图上不容易识别。由于各类云的云顶温度的差异较大，因此在红外云图上可以区分各种高度的云。

色调强化卫星云图亦是红外云图的一种，专门为对流云设计，主要用于突显对流现象。在这种云图上，对流越强，云顶发展越高，云顶温度越低。

（2）可见光云图　可见光云图是利用云顶反射太阳光的原理制成，因此仅适用于白昼。它能够显示云层覆盖的面积和厚度。较厚的云层反射太阳光的能力较强，在可见光云图上会呈现亮白色；较薄的云层反射太阳光的能力较弱，通常显示暗灰色，如图 2-46 所示。

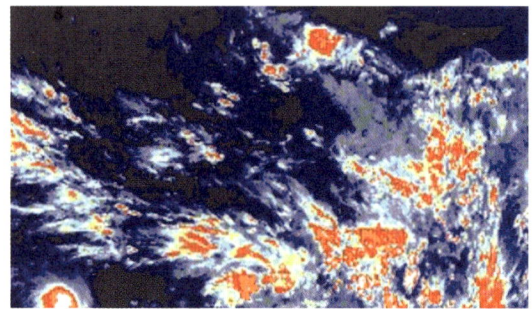

图 2-45　红外云图

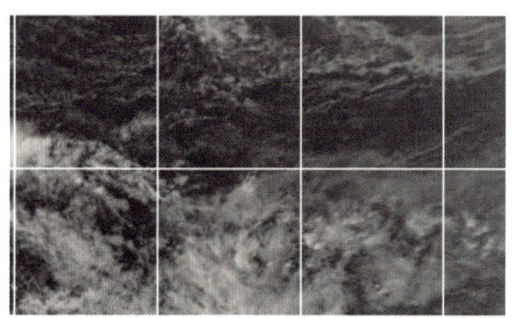

图 2-46　可见光云图

在可见光云图上，亮度的明暗反映了云的反照率（反射太阳光的能力）的强弱。由于陆地的反射能力比海洋高，因此在可见光云图上，陆地通常呈现灰色，海洋则呈现为黑色，而冰雪覆盖的地区以及深厚的云系由于反射率较高，一般呈白色，具体特征见表 2-7。

表 2-7　可见光云图上主要目标物的色调

色调	目标物
黑色	海洋、湖泊、大江大河
深灰色	陆地上大面积森林覆盖区、牧场、草地、耕地
灰色	陆地上晴天的积云、塔里木沙漠、陆地上单独出现的卷云
灰白色	陆地上的中高云
白色	积雪、冰冻的湖泊和海洋、中等厚度的云（中云、积云和层积云）
浓白色	大块厚云、积雨云团

红外云图侧重于反映温度分布和云顶高度的信息，而可见光云图侧重于显示云层的覆盖范围、厚度和反照率。红外云图的优点是可区分不同层次的云，并且昼夜向地面站发送云图，缺点是因为温度相近的关系，红外云图难以区分地面和低云，并且分辨率相对较低。相比之下，可见光云图的优点是分辨率高，能够清晰地区分地面和低云，云层的纹理也更加清晰。不过，其缺点也很明显，因为仅靠目标物反射太阳光，所以夜间资料不可用。实际上，将两者结合使用可以互相弥补各自的局限性，从而提供更加全面和准确的天气信息。

第2章 飞行环境和气象条件对飞行的影响

> **考题模拟**

61. 在卫星云图上，红外云图的色调取决于（　　）。
  A. 目标反射太阳光能力的强弱　　B. 目标的温度
  C. 目标的高低　　D. 目标的形状

2. 云的识别

（1）卷云　在可见光云图上，卷云的反照率较低，通常呈灰色至深灰色。若在可见光云图上卷云呈现白色，则意味着云层较厚，或者与其他云层重叠。在红外云图上，卷云的云顶温度很低，因此呈现白色。卷云在红外云图上呈现得最清楚，最易辨认。无论是可见光云图还是红外云图，卷云都具有明显的纤维状结构，如图2-47所示。

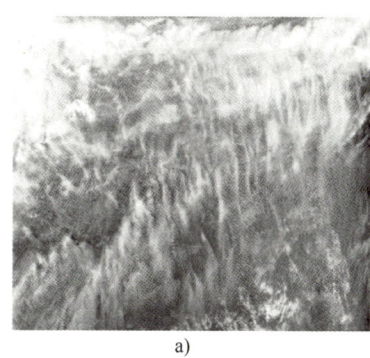
a)
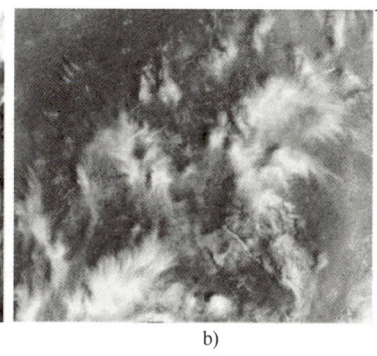
b)

图2-47　卷云卫星云图

> **考题模拟**

62. 以下选项中不是卷云在卫星云图上的特征的是（　　）。
  A. 在可见光云图上，卷云呈灰色至深灰色
  B. 在红外云图上，卷云的云顶温度较低，呈白色
  C. 无论在可见光云图上还是在红外云图上，卷云没有纤维结构
  D. 在可见光云图上，当卷云的云层很厚时，卷云呈现白色

（2）中云（高层云和高积云）　在卫星云图上，中云与天气系统相关联，表现为大范围的带状、涡旋状或逗点状，如图2-48所示。在可见光云图上，中云呈灰白色到白色，通过

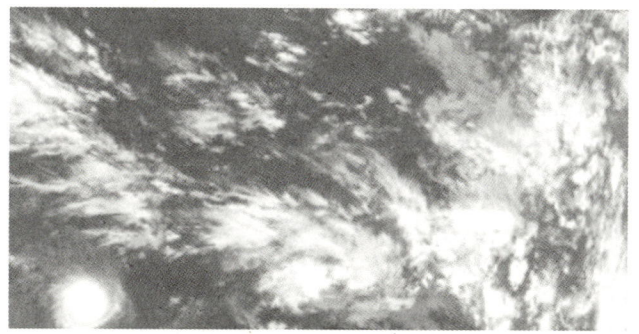

图2-48　中云卫星云图

色调的差异可判断云层的厚度。在红外云图上，中云呈中等程度的灰色，色调介于高云和低云之间。

考题模拟

63. 下列选项中不是中云在卫星云图上的特征的是（　　）。
   A. 在卫星云图上，中云与天气系统相关联，表现为大范围的带状、涡旋状或逗点状
   B. 在可见光云图上，中云呈灰白色到白色，通过色调的差异可判断云层的厚度
   C. 在红外云图上，中云呈深灰色，色调介于高云和低云之间
   D. 在红外云图上，中云呈中等程度的灰色，色调介于高云和低云之间

（3）积雨云　在卫星图像上的积雨云常是多个雷暴单体的集合。无论是可见光云图还是红外云图，积雨云的色调都是最白的，如图2-49所示。积雨云顶通常比较光滑，只有当出现穿透性强对流云时，才会在可见光图上显示不均匀的纹理。当高空风较小时，积雨云呈圆形；当高空风较大时，云顶常伴有卷云砧，表现为椭圆形。在可见光云图上，积雨云常有暗影。积雨云的尺度相差很大，一般初生的积雨云相对较小，成熟的积雨云则较大。

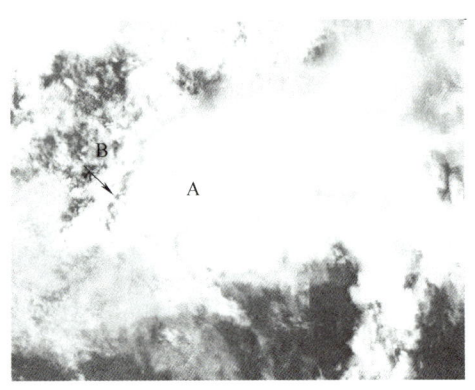

图2-49　积雨云卫星云图

考题模拟

64. 下列选项中不是积雨云在卫星云图上的特征的是（　　）。
   A. 在卫星图像上的积雨云常是多个雷暴单体的集合
   B. 无论是可见光云图还是红外云图，积雨云的色调都是最白的
   C. 积雨云的尺度相差不大，一般初生的积雨云相对较小，成熟的积雨云则较大
   D. 积雨云的尺度相差很大，一般初生的积雨云相对较小，成熟的积雨云则较大

（4）积云、浓积云　卫星云图上的积云、浓积云实际上是积云群。在地面观测中，这些积云群不容易被看到，通常表现为云带、积云线和开口细胞状结构，其纹理多皱纹、多起伏且不均匀，如图2-50所示。在可见光云图上，积云、浓积云的色调很白，但它们的高度

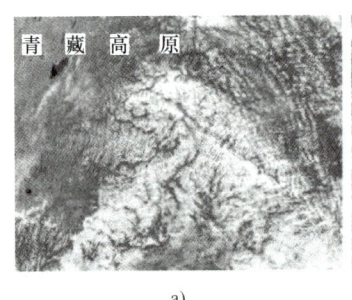
a)
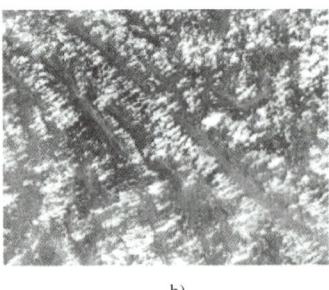
b)
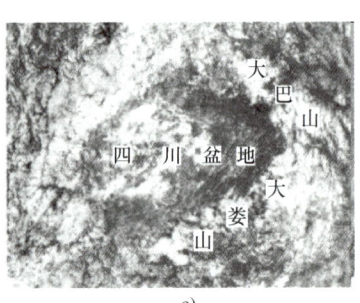
c)

图2-50　积云卫星云图

不一，纹理也不均匀。在红外云图上，积云、浓积云的色调可以从灰白到白色不等，边界不整齐，纹理不均匀。这是由云区的对流云顶温度不一致引起的。

（5）层云（雾） 在可见光云图上，层云（雾）表现为光滑均匀的云区，色调从白到灰白不等，若层云厚度超过300m，其色调会很白。层云（雾）的边界整齐、清楚，与山脉、河流、海岸线走向一致，如图2-51所示。在红外云图，层云的色调较暗，与地面色调相近。

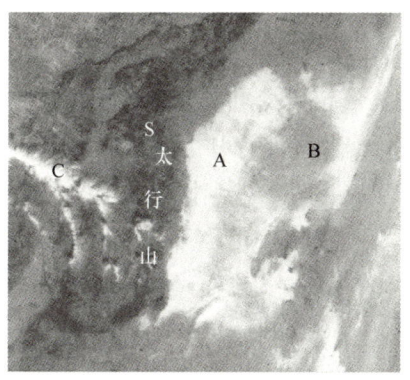

图2-51 层云卫星云图

考题模拟

65. 下列选项不是层云（雾）在卫星云图上的特征的是（　　）。
A. 在可见光云图上，层云（雾）表现为光滑均匀的云区
B. 层云（雾）边界整齐、清楚，与山脉、河流、海岸线走向一致
C. 在红外云图上，层云的色调较亮，与地面色调相差较大
D. 在红外云图上，层云的色调较暗，与地面色调相近

2.4.3 航空天气预报

航空天气预报是为保障航空器起飞、着陆和空中飞行的安全而制作的天气预报。与一般面向公共服务的公益性天气预报相比，它在预报项目、时效性和定量化等方面要求更高。航空天气预报通常包括云量、云状、能见度、风、天气现象出现的时间及其变化，以及与飞行有关的航空器积冰、航空器颠簸、航空器尾迹等内容。它特别注重分析中、小尺度天气系统，以及地形和下垫面特征对局地天气的影响。及时、准确的航空天气预报是顺利完成飞行任务、保障飞行安全的重要条件。

1. 分类

根据飞行任务的地区范围不同，可将航空天气预报分为航站（机场）天气预报、航线（航路）天气预报和区域天气预报等。

（1）航站（机场）天气预报　航站天气预报是以机场跑道为中心的视区范围内航空天气预报。其内容包括提供航空器起飞、着陆所需的气象要素和天气现象的预计情况，如地面气温、气压、风向、风速、云状、云量、云高、跑道能见度以及雷暴等。

航站天气预报分为两种：一种是定时发布的，每日两次，分别于每天12时和24时各发

分一次；另一种是根据飞行任务需要随时提供的。目前，世界上已有不少机场专门开辟了机场天气预报广播业务，使航站天气预报能够不间断地发布给空勤人员。

(2) 航线（航路）天气预报　航线天气预报是指起降航线和空中航线两侧25km范围内的天气预报。其内容包括飞行高度上的风向、风速、气温、云量、云状、云高、能见度、天气现象（如雾、雷暴、降水等）和积冰等。

航线预报通常在起飞前1h由起飞航站气象台向机组人员提供，有效时限至预计飞行结束后1h为止。航线天气预报一般以飞行天气报告表的形式发布，但当航线很长、天气变化复杂时，还会附上航线天气剖面图。

(3) 区域天气预报　区域天气预报是由飞行管制区航空气象业务部门发布的天气预报，通常以天气预报图的形式发布。除此之外，对于航空危险天气，还会及时发布通报或警报。其内容主要是预报危险天气的起止时间、强度、原因及其未来的变化等情况。

考题模拟

66. 从（　　）上可以预先了解飞行高度上的风向、云量、气温、能见度、积冰等情况。

A. 等压面预告图　　　　　　B. 重要天气预告图
C. 航路天气预告图　　　　　D. 航站天气预报

67. 航路天气预报通常在起飞前（　　），由起飞航站气象台向机组人员提供。

A. 1h　　　　　B. 2h　　　　　C. 3h　　　　　D. 4h

2. 航空气象报文有关术语

1）气象公报：冠以适当报头的气象情报文本。

2）气象情报：有关当前或预期气象情况的气象报告、分析预报和任何其他说明。

3）机场气候概要：根据统计资料，对某一机场规定的气象要素进行的简明概述。

4）机场气候表：某一机场上观测的一个或多个气象要素的统计资料表。

5）低空气象情报：由气象监视台发布的可能影响低空航空器飞行安全的特定航路天气现象的发生或预期发生的情报。该情报中的天气现象未包含在为有关飞行情报区（或其分区）的低空飞行发布的预报中。

6）重要气象情报：由气象监视台发布的可能影响航空器飞行安全的特定航路天气现象的出现或预期出现的情报。

7）气象报告：对某一特定时间和地点观测到的气象情况的报告。

8）世界区域预报中心：指定编制和发布全球数字式重要天气预报和高空预报的气象中心。它通过航空固定电信服务将全球数字式重要天气预报和高空预报提供给缔约国。

9）世界区域预报系统：各世界区域预报中心使用统一标准，提供世界范围的航路预报的系统。

10）对空气象广播：供飞行中的航空器使用的气象情报。

11）航空气象服务：为飞行的机组提供特定情报区的气象信息服务，主要包括机场例行航空气象服务，如机场例行天气报告（METAR）、机场特殊天气报告（SPECI）、机场预报（TAF）、重要气象情报（SIGMET）等，还包括未包含在重要气象情报中的特殊空中报告和可获得的 AIRMET。

思考题

1. 大气由哪些部分组成？
2. 大气是依据什么进行分层的？分为哪几层？
3. 对流层和平流层各有什么主要特点？哪层适于航空器飞行？
4. 简述密度增大对航空器的载重、起飞和降落过程的滑跑距离、高度表和空速的影响。
5. 写出理想气体在标准状态公式，并求出国际标准大气的密度。
6. 大气运动分为哪几种？产生原因分别是什么？
7. 大气垂直运动分为哪几种？
8. 影响风的力有哪些？分别对风产生什么影响？
9. 地方性的风有哪些？对飞行有哪些影响？
10. 积冰分为哪几种？
11. 航空天气预报分为哪几种？
12. 名词解释：国际标准大气压、本站气压、标准海平面气压高度、场面气压高度、相对湿度、露点温度。

考题模拟答案

1. C 2. C 3. B 4. A 5. C 6. B 7. C 8. C 9. C 10. A 11. B 12. B 13. C
14. A 15. A 16. C 17. B 18. A 19. B 20. A 21. B 22. B 23. A 24. C 25. A 26. B
27. B 28. B 29. A 30. C 31. C 32. A 33. B 34. C 35. A 36. C 37. C 38. C 39. A
40. A 41. B 42. B 43. A 44. C 45. C 46. B 47. A 48. B 49. B 50. B 51. B 52. C
53. D 54. D 55. B 56. B 57. A 58. B 59. B 60. C 61. B 62. C 63. C 64. C 65. C
66. C 67. A

第 3 章 空气动力学基础

本章知识点思维导图

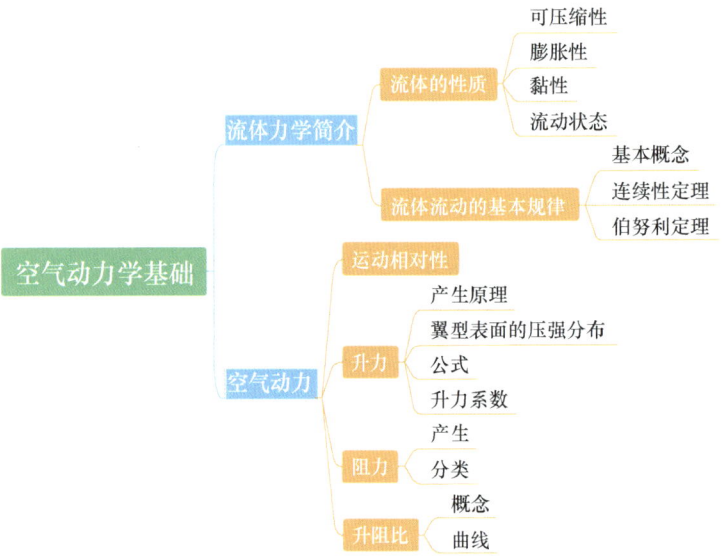

学习目标

1. 素养目标

1）具有深厚的爱国情感和中华民族自豪感。
2）具有较强的学习能力。
3）具有刻苦钻研和创新精神。
4）培养勇于奋斗、乐观向上的职业素养。

2. 能力目标

1）具有分析问题和解决问题的能力。
2）具有探究学习和终身学习的意识。
3）具有良好的沟通能力。
4）能分析流速与压力之间的关系。
5）能分析机翼的迎角对飞行的影响。

第3章 空气动力学基础

6）能计算航空器的升力。
7）能分析造成升力不足的原因。
8）能分析阻力产生原因并且能减阻。

3. 知识目标

1）掌握流体可压缩性和黏性性质。
2）了解流体膨胀性和流动状态。
3）了解流场、一维定常流动、流线、流管、流量等基本概念。
4）掌握连续性定理和伯努利定理的数学表达式和使用条件。
5）掌握运动的相对性。
6）掌握升力的产生原因、影响因素及公式。
7）了解阻力的产生原因。
8）掌握阻力种类、减阻措施及升阻比。

知识引入

空气动力学的研究最早可以追溯到人类对鸟类或弹丸在飞行时的受力和力的作用方式的种种猜测。17世纪后期，荷兰物理学家惠更斯首先估算出物体在空气中运动时受到的阻力。1726年，牛顿运用力学原理和演绎方法推导出：在空气中运动的物体所受的力正比于物体运动速度的平方和物体的特征面积以及空气密度。这一成果标志着空气动力学经典理论的开端。到19世纪末，经典流体力学的基础已经形成。20世纪以来，随着航空事业的迅速发展，空气动力学从流体力学中独立出来，成为力学的一个更要分支。

我国著名空气动力学家、被誉为"中国航天之父""中国导弹之父""中国自动化控制之父""火箭之王"的钱学森，在中华人民共和国成立之初，毅然放弃了在美国的优越条件，选择回到祖国。他的回国，使中国导弹和原子弹的发射进程至少提前了20年。钱学森从事科研工作70载，他淡泊名利、刻苦钻研、勇攀高峰。如今，钱学森这个名字已经成为一种精神象征，激励着一代又一代的年轻人奋勇前行。

党的二十大报告指出，"必须坚持科技是第一生产力、人才是第一资源、创新是第一动力，深入实施科教兴国战略、人才强国战略、创新驱动发展战略。"当代青年肩负着科教兴国、人才强国的历史使命，因此应义不容辞地努力学习科学文化知识，积极成为优秀的创新人才，为国家富强、民族振兴贡献力量。

3.1 流体力学简介

一般情况下，物质分为固态、液态和气态三种状态，对应物体分别是固体、液体和气体。液体和气体的总称为流体。因此，流体是与固体相对应的一种物体。

3.1.1 流体的性质

流体与固体一样具有质量和密度，并且有一定的可压缩性、膨胀性和黏性。

1. 可压缩性

当温度保持不变时，流体随着压力的增加，体积会减小，密度会增加，这种特性称为流体的可压缩性。

可压缩性分为液体的可压缩性和气体的可压缩性。一般情况下，液体的可压缩性很小，而气体的可压缩性较大。

由此，式（2-3）可以变为 $p_1/\rho_1 = p_2/\rho_2$。因此，可以依据气体密度是否变化来判断其是否可压缩。如果气体在流动过程中，其密度变化可以忽略不计，这种流动称为不可压缩流动。此外，气体的可压缩性会随着温度的变化而改变。例如，有两个体积和质量相同的气球，一个被太阳晒过，温度较高，另一个没有被太阳晒过，温度较低。如果对这两个气球施加相同的压力，会发现温度较高的气球更难被压缩，而温度较低的气球更容易被压缩。由此可知，气体的可压缩性会随着温度的升高而变小（更难压缩），随着温度的降低而变大（更容易压缩）。

在空气动力学中，空气的可压缩性是指空气在流动过程中，由于气流的压力和温度发生变化而引起密度改变的特性。可以使用声速 c 来衡量空气的可压缩性：声速越大，表明空气越难被压缩，可压缩性越小；反之，声速越小，表明空气越容易被压缩，可压缩性越大。因为马赫数 $Ma = v/c$，所以也可用 Ma 来表示压缩性对空气流动的影响，Ma 越大，说明空气的可压缩性越大。当 $Ma \leq 0.3$ 时，空气可以被视为不可压缩。

2. 膨胀性

在压强保持恒定的情况下，流体随着温度升高，体积会增加（体积膨胀），密度会减小，这种特性称为流体的膨胀性。对于液体，当温度变化不大时，一般不考虑其膨胀性。对于气体，温度越高，膨胀性越好。

3. 黏性

当流体内相邻质点之间存在相对运动时，在其接触面上会产生内摩擦力，以阻止相对运动，流体的这种性质称为黏性。例如，将不同流体倒入图 3-1 所示的玻璃管中，会发现蓝色流体的流动速度最快、黄色流体次之、透明色流体的流动速度最慢。这主要是因为透明色流体的黏性大于黄色流体，黄色流体的黏性又大于蓝色流体。

流体的黏性和温度密切相关。随着流体温度的升高，液体的黏性会减小，而气体的黏性会增加。这主要是因为液体的黏性主要取决于分子间的吸引力，而气体的黏性主要取决于分子的不规则运动。当温度升高时，分子间的吸引力减弱，而不规则运动加剧。因此，液体的黏性会随着温度升高而减小，而气体的黏性会随着温度升高而增大。没有黏性的气体称为理想气体。

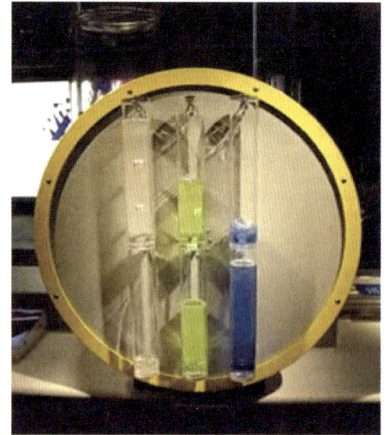

图 3-1 不同流体的流动情况

考题模拟

1. 流体的黏性与温度之间的关系是（　　）。
   A. 液体的黏性随温度的升高而增大　　B. 气体的黏性随温度的升高而增大
   C. 液体的黏性与温度无关　　D. 气体的黏性随温度的升高而减小

空气也是有黏性的，这一结论可以用图3-2所示的实验来证明。当起动电动机使下圆盘转动一段时间后，我们会发现上圆盘也会随之慢慢沿同一方向转动起来。这是因为下圆盘在转动时，紧贴其表面的一层空气像被盘面黏住一样，随盘面一起转动。这层转动的空气又会带动上层空气转动，最终使得上圆盘随之转动。这个现象表明空气是具有黏性的。

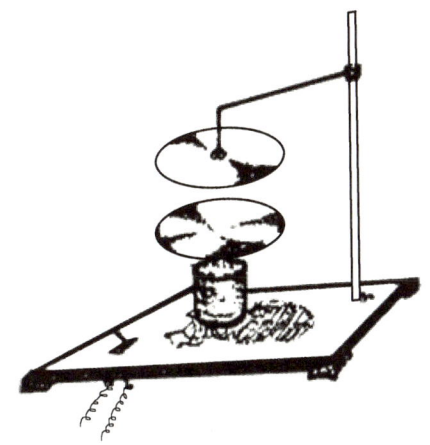

图3-2 空气黏性实验

考题模拟

2. 空气动力学概念中，空气的物理性质主要包括（　　）。
   A. 黏性　　　　　　B. 压缩性　　　　　C. 膨胀性　　　　　D. 黏性和压缩性
3. 下列不是影响空气黏性的因素是（　　）。
   A. 空气的流动位置　　B. 气流的流速　　C. 空气的黏性系数　　D. 空气的温度

4. 流动状态

流体的流动状态分为层流和湍流。当流速很慢时，流体会分层流动，各层之间互不混合，这种状态称为层流（图3-3a）。随着流速增加，流体开始出波动性摆动，这种状态称为过渡流。当流速继续增加，达到流线无法清楚分辨且出现大量漩涡时，流动状态变为湍流

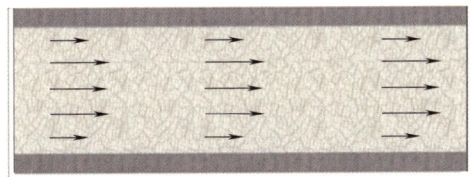

a) 层流

b) 湍流

图3-3 流体的流动状态

（图3-3b），又称乱流、扰流或紊流。这种流动状态的变化可以用雷诺数Re来区分，因为雷诺数是惯性力与黏性力之比，即

$$Re = \frac{\rho v l}{\mu} \tag{3-1}$$

式中　ρ——流体的密度，kg/m^3；

　　　v——流体的流速，m/s；

　　　l——特征长度，m；

　　　μ——流体的黏性系数，$Pa \cdot s$ 或 $N \cdot s/m^2$。

当Re较小时，黏性力对流场的影响大于惯性力，流场中流速的扰动会因黏性力而衰减，流体流动稳定，表现为层流。反之，当Re较大时，惯性力对流场的影响大于黏性力，流体流动较不稳定，流速的微小变化容易发展并增强，形成紊乱、不规则的湍流流场。

实验表明，在管流中，Re<2300时为层流，Re为2300～4000时为过渡状态，Re>4000时为湍流。对于普通航空器在空气中飞行时，Re<5×10⁶的气流流动为层流，而对于小型无人机，Re<4×10⁵的气流流动为层流。

3.1.2　流体流动的基本规律

1. 基本概念

（1）流场　流场是指运动流体所占据的空间。

（2）一维定常流动　一维定常流动是指流体作直线流动（流体的物理量仅是某个坐标的函数）且其流动参数（如流速、压强、密度、温度等）都不随时间变化的流动。

（3）流线　在定常流动中，流体流动的路线称为流线。流线的主要特点如下。

1）该曲线上每一点的流体速度与该曲线在该点的切线方向重合。

2）流线上每一点的流体流动方向唯一。

3）流线一般不相交和分叉，除非在以下特殊情况下。

① 该点流速为零，如图3-4a中的A点。

② 流线相切，如图3-4a中的B点。

③ 流速趋于无限大，如图3-4b中的O点）。

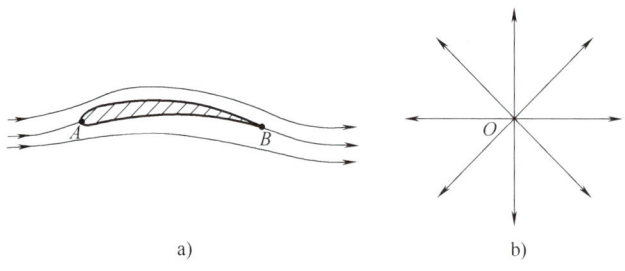

图3-4　流线相交和重合

（4）流线谱　由所有流线组成的图形称为流线谱（图3-5）。流线谱的主要特点如下。

1）在低速流动中，流线谱的形状与流动速度无关，而与物体的形状（图3-5）及物体与流体的相对位置（图3-6）有关。

2）当流体流过物体时，在物体的后部通常会形成涡流区（图3-5）。

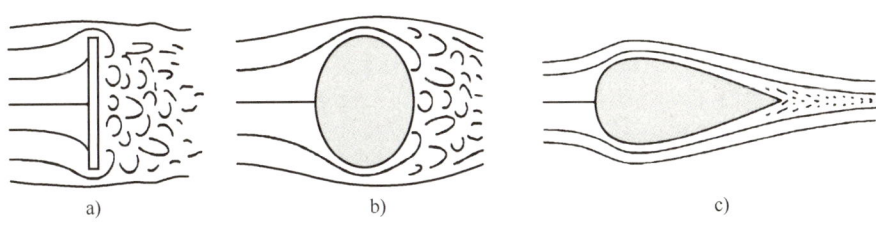

图 3-5 空气流过物体的流线谱

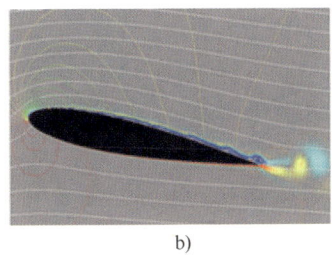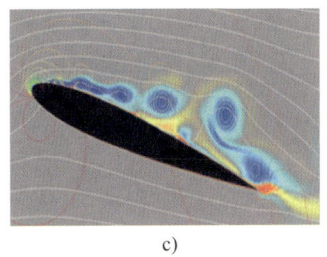

图 3-6 不同迎角下空气流过物体的流线谱

（5）流管 由许多流线围成的管状区域称为流管。在剖面图中，流管的管壁由两条相邻的流线构成，如图 3-7 所示。当气流受阻，流线之间的距离扩大，流管随之扩张变粗如图 3-7 中的 B 点；当气流流过物体的外凸处或受到挤压时，流线之间的距离会缩小，流管则收缩变细，如图 3-7 中的 A 点。

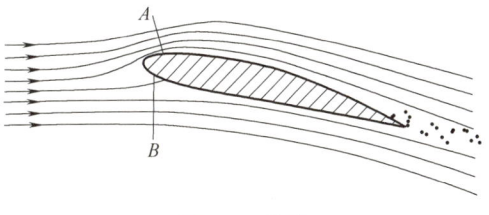

图 3-7 流管

（6）流量 流量是指单位时间内流经封闭管道的流体量，为瞬间流量。当流量以体积表示时，称为体积流量 q_V；当流量以质量表示时，称为质量流量 q_m。体积流量与质量流量之间的关系为

$$q_m = \rho q_V \tag{3-2}$$

式中 q_m——质量流量，kg/s；
ρ——流体的密度，kg/m³；
q_V——体积流量，m³/s。

（7）平均流速 平均流速是指单位时间内流过流管单位横截面积的流体体积。平均流速 v 与体积流量 q_V 之间的关系为

$$v = \frac{q_V}{A} \tag{3-3}$$

式中 v——平均流速，m/s；
A——流管横截面积，m²。

（8）质量流速 质量流速是指单位时间内流经流管单位横截面积的流体质量。平均流速与质量流速之间的关系为

$$v_m = \rho v \tag{3-4}$$

式中　v_m——质量流速，kg/（m²·s）。

2. 连续性定理

自然界中，物质既不会消失，也不会凭空增加，这就是质量守恒定律。根据质量守恒定律，当流体在低速、稳定、连续不断地流动时，流管内的流体不能中断或积聚。因此，在同一时间内，流进任何一个截面的流体质量必须等于从另一个截面流出的流体质量。

> **考题模拟**
>
> 4. 气体的连续性定理是（　　）在空气流动过程中的应用。
>   A. 能量守恒定律　　B. 牛顿第一定律　　C. 质量守恒定律　　D. 牛顿第二定律

流体在图3-8所示的流管中以平均流速 v_1 从截面1—1（截面积 A_1）流入，以平均流速 v_2 从截面2—2（截面积 A_2）流出。根据质量守恒定律，流入的质量流量 q_{m1} 必须等于流出的质量流量 q_{m2}，即

$$q_{m1} = q_{m2}$$

因为 $q_{m1} = \rho_1 v_1 A_1$，$q_{m2} = \rho_2 v_2 A_2$，所以有

$$\rho_1 v_1 A_1 = \rho_2 v_2 A_2$$

因为截面1—1和2—2是任意选取的，所以对于一维定常流动，沿同一流管恒有

$$\rho v A = 常数 \tag{3-5}$$

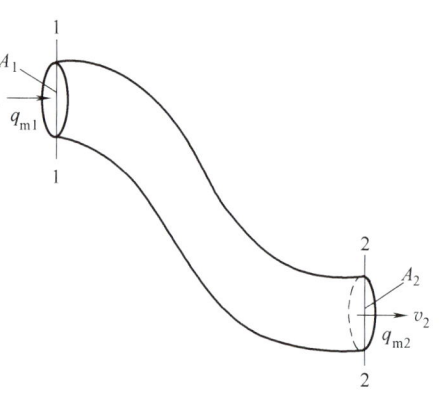

图3-8　空气在流管中流动

对于不可压缩流体，流体密度 ρ 为一常数，此时式（3-5）变为

$$v A = 常数 \tag{3-6}$$

式（3-5）是一维定常流动的连续性方程，其物理意义是：在稳定流动系统中，流体流经流管各截面的质量流量恒为常数，但各截面的流体流速则随流管截面积 A 的不同和流体密度 ρ 的不同而变化。

式（3-6）是不可压缩流体的一维定常流动的连续性方程，在空气动力学中称为连续性定理。其含义是：不可压缩流体流经流管各截面的质量流量相等，体积流量亦相等。任意两截面上的平均流速与其截面积成反比，即截面积越小，流速越大；反之，截面积越大，流速越小。

这种现象在日常生活中非常常见，如山谷里的风通常比平原上的大；河水在河道狭窄的地方比在河道宽的地方流得快；当用橡胶水管浇花时，握紧水管出水口，水流速度会明显增加。

> **考题模拟**
>
> 5. 流体在流管中稳定低速流动时，如果流管由粗变细，则流体的流速（　　）。
>   A. 增大　　B. 减小　　C. 保持不变　　D. 先增大再减小

从连续性方程的推导过程可以看出，式（3-5）适用于可压缩和不可压缩流体，而式（3-6）仅适用于不可压缩流体。因为在推导过程中没限制流体的黏性，所以两式既适用于理

想流体，也适用于黏性流体。

考题模拟

6. 流体的连续性方程（　　）。
A. 只适用于理想流体　　　　　　B. 适用于可压缩和不可压缩流体的稳定管流
C. 只适用于不可压缩流体的稳定管流　　D. 只适用于可压缩流体的稳定管流

3. 伯努利定理

自然界中，能量既不会凭空产生，也不会凭空消失，它只会从一种形式转化为另一种形式，或者从一个物体转移到其他物体，而总能量保持不变，这就是能量守恒定律。在能量方程中包含动能、势能、压力功（压力 p 做的功）及热能（黏性力做的功）。对于不可压缩理想流体，流动过程中不会产生热量，因此热能可以忽略不计。因此，可将能量方程简化为：动能+势能+压力能=常数。这就是伯努利定理。

伯努利定理

考题模拟

7. 气体的伯努利定理是（　　）在空气流动过程中的应用。
A. 能量守恒定律　　B. 牛顿第一定律　　C. 质量守恒定律　　D. 牛顿第二定律

流体流过任意截面积 A 时的动能、势能和压力能表达式分别为

$$E_v = \frac{1}{2}mv^2 \tag{3-7}$$

$$E_g = mgh \tag{3-8}$$

$$E_p = pAv\Delta t \tag{3-9}$$

由于 $m = \rho Av\Delta t$，因此式（3-7）和式（3-8）变为

$$E_v = \frac{1}{2}\rho Av\Delta t v^2 \tag{3-10}$$

$$E_g = \rho Av\Delta t gh \tag{3-11}$$

对于单位体积（$Av\Delta t$）的流体，式（3-9）~式（3-11）变为

$$E_p = p \tag{3-12}$$

$$E_v = \frac{1}{2}\rho v^2 \tag{3-13}$$

$$E_g = \rho gh \tag{3-14}$$

因此，伯努利定理可以表述为

$$p + \frac{1}{2}\rho v^2 + \rho gh = C \tag{3-15}$$

式中　p——流体中某点的压强，Pa；
　　　v——流体在该点的流速，m/s；
　　　ρ——流体密度，kg/m³；
　　　g——重力加速度，m²/s；

h——该点所在的高度,m;

C——常数。

式(3-15)为伯努利方程。若流管的高度变化与流体流动参数相比可以忽略不计,则式(3-15)可简化为

$$p+\frac{1}{2}\rho v^2 = p_0 \qquad (3-16)$$

式中 p——静压;

$\frac{1}{2}\rho v^2$——动压;

p_0——总压。

式(3-16)反映了不可压缩理想流体一维定常流动中速度和压强的关系,即流体流速越大,动压越大,静压越小;反之,流体流速越小,动压越小,静压越大。这种现象在日常生活中非常常见,例如,当向两张纸片中间吹气时,两纸片不是分开,而是互相靠拢;人可能被高速行驶的地铁、火车或高铁吸向站台与列车之间的缝隙中;远洋货轮"奥林匹克号"曾被铁甲巡洋舰"豪克号"撞了一个大洞,这也是由于流体动力学中的伯努利效应导致的。

8. 伯努利定理的使用条件是(   )。
A. 只要是理想的不可压缩流体　　B. 只要是理想的与外界无能量交换的流体
C. 必须是理想的、不可压缩且与外界无能量变换的流体
D. 只要是一维定常流动的流体

连续性方程和伯努利方程是空气动力学中两个最基本的方程,它揭示了流管截面积、流速和压力之间的关系。当流体在变截面流管中流动时,截面积小的地方流速大,动压大,静压小;截面积大的地方流速小,动压小,静压大。这一原理是机翼产生升力的重要原因。

9. 气流流过收缩流管,其气流流速(   )和压强(   )。
A. 增加、增大　　B. 降低、下降　　C. 增加、下降　　D. 降低、增大

3.2 空气动力

空气动力是空气与物体发生相对运动时产生的。空气相对于物体的流动称为相对气流。因此,不管是空气静止而物体运动,还是空气流动而物体静止,只要物体和空气间有相对运动,就会产生相对气流,进而产生空气动力。

空气动力

3.2.1 运动相对性

空气动力学的研究对象就是相对气流。只要航空器与空气之间有相对运动，就会产生相对气流，并且产生空气动力。只要相对速度（即空速）相同，所产生的空气动力也相同，这就是**运动相对性**原理。为了研究空气的流动，1871年世界上建立了第一座风洞，把飞机模型放入风洞中固定不动，让气流相对模型吹来，以此模拟飞机在静止空气中飞行时空气动力的产生和变化。因此，风洞实验就是建立在运动相对性原理基础上的。

考题模拟

10. 利用风洞可以得到飞机气动参数，其基本依据是（　　）。
 A. 连续性假设　　　B. 相对性原理　　　C. 牛顿定理　　　D. 惯性

另外，相对速度方向与航空器飞行方向永远相反。当航空器在逆风中飞行时（图3-9a），相对气流速度v的大小为航空器飞行速度v_0加上风速v_1，即$v=v_0+v_1$；当航空器在顺风中飞行时（图3-9b），相对气流速度v的大小为航空器飞行速度v_0减去风速v_1，即$v=v_0-v_1$；当航空器在无风中飞行时（图3-9c），相对气流速度v的大小为航空器飞行速度，即$v=v_0$。

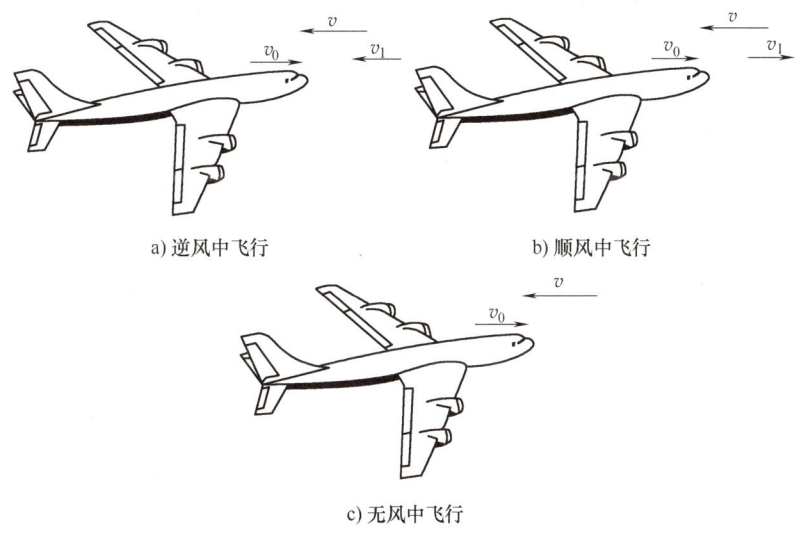

a) 逆风中飞行　　　　　　b) 顺风中飞行

c) 无风中飞行

图3-9　航空器的飞行

3.2.2 升力

当航空器和空气发生相对运动时，空气对物体产生的向上托举的力称为**升力**。

1. 产生原理

下面以空气流过翼型（机翼或螺旋桨的横剖面）为例，定性地说明升力的产生原理。当空气流经翼型前缘时，气流被分成两股，分别沿翼型的上、下表面流动，并在翼型后缘重新汇合后向后流去，如图3-10所示。

升力产生原理

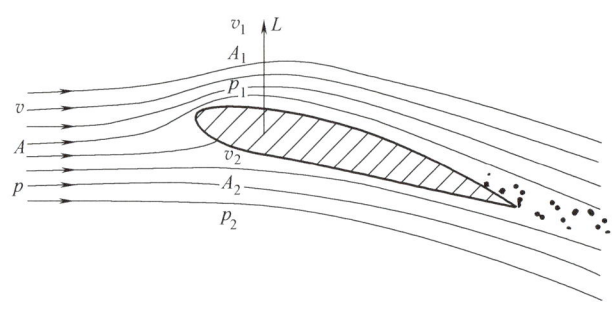

图 3-10 升力产生原理

依据不可压缩连续性方程,可得

$$vA = v_1A_1 = v_2A_2 \tag{3-17}$$

因为翼型上表面凸起,流管变细,而在翼型下表面,气流受阻,流管变粗,所以有 $A_1 < A < A_2$。根据式(3-17)可知

$$v_1 > v > v_2$$

再依据伯努利定理,可得

$$p + \frac{1}{2}\rho v^2 = p_1 + \frac{1}{2}\rho v_1^2 = p_2 + \frac{1}{2}\rho v_2^2 \tag{3-18}$$

因为 $v_1 > v > v_2$,所以 $p_1 < p < p_2$。这样,翼型上、下表面产生压力差 $\Delta p = p_2 - p_1$,方向向上。整个翼型上,垂直于相对气流方向的压力差的总和就是升力 L,如图 3-10 所示。升力的作用点(升力作用线与翼弦的交点)称为翼型压力中心。

2. 翼型表面的压强分布

空气流过翼型上、下表面的压强变化,可通过实验测定,从而获得翼型表面的压强分布图。常用的表示方法主要有矢量表示法和坐标表示法。

(1)矢量表示法 将翼型上各点在实验中所测得的压强画在对应点的法线上,线段的长度表示压强的大小,箭头表示压强的方向。将各个矢量的外端用平滑的曲线连接起来,就得到用矢量法表示的压强分布图,如图 3-11 所示。当翼型表面压强小于大气压时,称为吸力;当翼型表面压强大于大气压时,称为压力。用"+"表示压力,用"-"表示吸力。

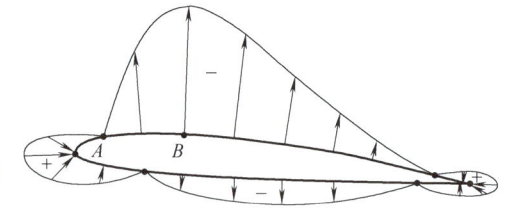

图 3-11 翼型压强分布的矢量表示法

图 3-11 中的 A 点称为驻点,是正压最大的点,位于翼型前缘附近,该处气流流速为零;B 点称为最低压力点,是翼型上表面吸力最大的点。

(2)坐标表示法 将翼型各测量点投影在横坐标(翼型弦线方向)上,然后将各测量点上的压强值作为纵坐标画出。其中,压力值画在横坐标下方,吸力值画在横坐标上方。再用平滑曲线依次连接图上各点,就得到了坐标表示法的压强分布图。

实验表明,翼型上表面通常受到的是吸力,而下表面通常受到的是压力。然而,在某些情况下,下表面也会受到吸力。例如,当气流以较小的迎角流过双凸翼型时,下表面受到的力就是吸力（图3-11）。一般而言，翼型的升力有60%~80%是由上表面的吸力产生的，只有20%~40%是由下表面的压力产生的（图3-12）。另外，对于下表面受到力也是吸力的情况，翼型的升力全部由上表面的吸力产生。

3. 公式

升力公式是分析实际飞行问题和飞行性能最重要且最基本的公式。根据翼型的受力分析，可推导出升力公式为

$$L = C_L \frac{1}{2} \rho v^2 S \qquad (3-19)$$

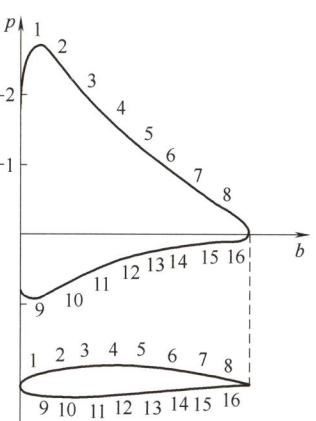

图3-12 翼型压强分布的坐标表示法

式中 L——升力，N；
C_L——升力系数；
ρ——空气密度，kg/m^3；
v——空速，m/s；
S——机翼投影面积，m^2。

由式（3-19）可知，升力的大小与升力系数、空气密度、空速及机翼投影面积成正比。升力系数取决于迎角和翼型。对于同一型号的航空器，翼型和机翼投影面积在通常情况下是基本不变的，空气密度取决于飞行高度。因此，要改变升力，只能通过改变航空器的飞行速度和迎角。在实际飞行中，为了尽快得到较大的升力，一般会先增大飞行速度，然后增大迎角。

考题模拟

11. 影响升力的因素是（　　）。
A. 无人机的尺寸或面积和飞行速度　　B. C_L
C. 空气密度　　D. 以上都是

12. 航空器升力的大小与空速的关系是（　　）。
A. 与空速成正比　　B. 与空速无关
C. 与空速的平方成正比　　D. 与空速成反比

4. 升力系数

根据风洞实验测得的同型号航空器在各迎角下对应的升力系数，即可得到该航空器升力系数随迎角变化的曲线，如图3-13所示。从升力系数曲线图上，除了能得到不同迎角对应的升力系数值，还可以确定临界迎角、零升迎角和升力系数曲线斜率。

（1）临界迎角 α_{cr}（也称为失速迎角） 临界迎角是指升力系数曲线最高点对应的迎角，此时对应的升力系数为最大升力系数 C_{Lmax}。根据式（3-19）可知，在升力一定时，升力系数 C_L 越大，固定翼航空器的离地速度或着陆接地速度就越小，滑跑距离就越短、所需的跑道长度也就越短。因此，最大升力系数 C_{Lmax} 越大，航空器的起降性能就越好。

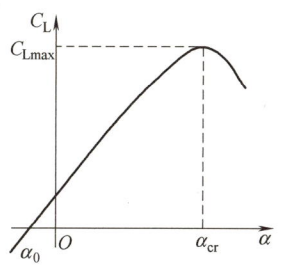

图3-13 升力系数曲线

> **考题模拟**

13. "失速迎角"即"临界迎角"是指（ ）。
    A. 航空器飞得最高时的迎角 B. 航空器飞得最快时的迎角
    C. 航空器升力系数最大时的迎角 D. 航空器飞得最慢时的迎角

（2）零升迎角 α_0 零升迎角是指升力系数为零时所对应的迎角。当航空器以零升迎角飞行时，其升力始终为零。

> **考题模拟**

14. 航空器飞行中，机翼升力等于零时的迎角称为（ ）。
    A. 零升迎角   B. 失速迎角   C. 零迎角   D. 临界迎角

（3）升力系数曲线斜率 升力系数曲线斜率是指在迎角达到临界迎角之前，升力系数曲线的直线部分的斜率。升力系数曲线斜率反映了迎角变化时升力系数变化的快慢程度，是影响航空器稳定性和操控性的重要参数。

3.2.3 阻力

阻碍航空器前进的空气动力称为阻力，其方向与航空器运动方向相反，与相对气流方向一致。因此，阻力的方向与升力的方向相互垂直。阻力对航空器的加速是不利的，但在航空器减速时是有利的。

1. 产生

当航空器穿过大气层时，空气分子会与航空器表面发生碰撞和推挤，从而产生阻力，简称为"风阻"。实验证明，当航空器的速度每增加一倍，将会产生四倍的阻力。

2. 分类

按阻力产生原因的不同，一般将低速飞行航空器常遇到的阻力分为摩擦阻力、压差阻力、诱导阻力和干扰阻力。

（1）摩擦阻力 由于空气具有黏性，紧贴航空器表面的空气受到阻碍作用，流速降低至零。根据作用力与反作用力定律，航空器会受到空气的反作用力，这个反作用力与飞行方向相反，称为摩擦阻力。

摩擦阻力的大小与空气的黏性、航空器表面的粗糙程度以及航空器表面与空气的接触面积有关。为了减小摩擦阻力，应尽量减小航空器的表面积，并使表面尽量平整光滑。

> **考题模拟**

15. 航空器上产生的摩擦阻力与大气的（ ）物理性质有关。
    A. 可压缩性   B. 黏性   C. 温度   D. 膨胀性

16. 若增大航空器表面粗糙度，将会增加航空器的（ ）阻力。
    A. 压差   B. 摩擦   C. 干扰   D. 诱导

（2）压差阻力 由于物体运动时前后存在压力差而形成的阻力称为压差阻力。当气流流过机翼时,在机翼的后缘部分气流分离,形成涡流区,此处压强降低为 p_2;在机翼前缘部分,气流受阻,压强增大为 p_1,这样在机翼前、后缘之间就形成了压力差 Δp($\Delta p = p_1 - p_2$),从而使机翼产生了压差阻力,如图 3-14 所示。

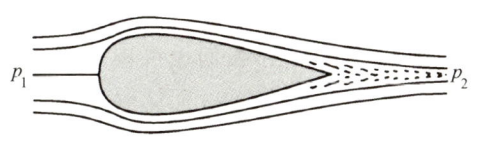

图 3-14 压差阻力形成原理

总体而言,压差阻力与迎风面积、机翼形状和迎角密切相关。迎风面积越大,压差阻力越大,如图 3-5 所示;迎角越大,压差阻力也越大,如图 3-6 所示。然而,压差阻力在航空器总阻力构成中所占比例相对较小。

考题模拟

17. 减小航空器外型的迎风面积,目的是为了减小其（　　）。
A. 摩擦阻力　　　B. 压差阻力　　　C. 诱导阻力　　　D. 干扰阻力

（3）干扰阻力　由于航空器各部件之间气流的相互干扰而产生的阻力,称为干扰阻力。干扰阻力不仅与航空器各部件之间的相对位置有关外,还可以通过在航空器各部件连接部位安装整流包皮（图 3-15）,使连接部位更加圆滑过渡,减少流管的过度扩张和气流分离,从而有效减小干扰阻力。

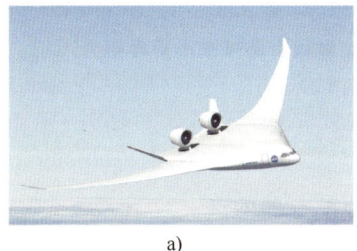
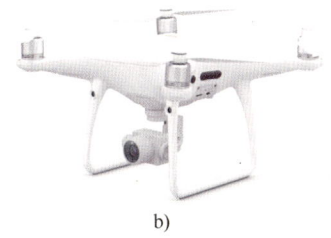

a)　　　　　　　　b)

图 3-15 减少干扰阻力措施

考题模拟

18. 航空器上不同部件的连接处装有整流包皮,它的主要作用是为了减小（　　）。
A. 摩擦阻力　　　B. 压差阻力　　　C. 诱导阻力　　　D. 干扰阻力

（4）诱导阻力　当航空器正常飞行时,机翼下翼面的压强比上翼面高。在上、下翼面压强差的作用下,下翼面的气流会绕过翼尖流向压强较低的上翼面。这使得下翼面的流线由机翼的翼根向翼尖方向倾斜,而上翼面则相反。由于上、下翼面的气流在机翼后缘处具有不同的流向,因此在后缘处会形成旋涡,并在翼尖处卷成翼尖涡。这些翼尖涡向后流,形成翼尖涡流,如图 3-16 所示。这样所形成的阻力为诱导阻力。因此,诱导阻力是伴随着升力的

图 3-16 翼尖涡流的形成

产生而出现的,也可以说,为了产生升力而付出的一种"代价"。

在日常生活中,我们也可以观察到翼尖涡流的现象。例如大雁南飞时,常排成"人"字形或"一"字形队列,而幼雁通常位于队列的外侧。这是因为这两种队形便于后方的大雁利用前方的大雁翅梢处所产生的翼尖涡流中的上升气流,使飞行比较省力,减轻长途飞行的疲劳。

诱导阻力的大小与机翼的平面形状、展弦比和升力等因素有关。为了减小诱导阻力,可以采用以下措施:在翼尖安装副油箱、增大展弦比(图3-17)、在机翼上安装翼梢小翼(图3-17)等。

图3-17 通过增大展弦比和安装翼梢小翼来减小诱导阻力

考题模拟

19. 增大航空器机翼的展弦比,目的是减小航空器的（　　）。
A. 摩擦阻力　　　B. 压差阻力　　　C. 诱导阻力　　　D. 干扰阻力

20. 下列关于诱导阻力的说法正确的是（　　）。
A. 增大机翼的展弦比可以减小诱导阻力
B. 把暴露在气流中的所有部件和零件都做成流线型,可以减小诱导阻力
C. 在航空器各部件之间加装整流包皮,可以减小诱导阻力
D. 减小迎风面积,可以减小诱导阻力

在这四种阻力中,除了诱导阻力与升力有关,其余三种阻力都与升力大小无关,统称为废阻力。一般情况下,废阻力随着飞行速度的增加而增加,但诱导阻力随着飞行速度的增加而减小,并且与速度的平方成反比。这四种阻力的产生原因及减阻措施见表3-1。

表3-1 阻力的种类、产生原因及减阻措施

种类	产生原因	减阻措施
摩擦阻力	由于空气具有黏性,并且接触面不是绝对光滑	(1) 减小接触面积 (2) 减小接触面表面粗糙度
压差阻力	由于空气具有黏性,因运动着的物体前后压力差而形成	(1) 减小迎风面积 (2) 减小迎角 (3) 将物体做成流线形状

(续)

种类	产生原因	减阻措施
干扰阻力	因航空器各部件之间气流的相互干扰而产生	(1) 安装整流包皮 (2) 合理布局航空器结构位置
诱导阻力	因升力的产生而产生	(1) 采用椭圆形机翼 (2) 增大展弦比 (3) 安装翼梢小翼 (4) 增加飞行速度

3.2.4 升阻比

因为航空器的升力和阻力是相互影响的，所以不能单独用升力或阻力的大小来衡量航空器空气动力，必须综合考虑它们的比值。

1. 概念

升阻比（K）是指在同一迎角下，升力与阻力（即升力系数与阻力系数）的比值，即

$$K = C_L / C_D \tag{3-20}$$

式（3-20）表明，升阻比越大，在同一迎角下，升力相对于阻力的倍数越大或者在相同升力的情况下，阻力越小。

对于同一型号的航空器，其翼型一般是不变的。在低速飞行时，升力系数和阻力系数主要随迎角的变化而变化，因此升阻比也主要随迎角的变化而变化。

考题模拟

21. 航空器升阻比值的大小主要随（　　）因素变化。
A. 速度　　　　B. 迎角　　　　C. 机翼面积　　　　D. 密度

2. 曲线

通过风洞实验分别测出各迎角下的升力系数和阻力系数值，代入式（3-20）即可算出各迎角下的升阻比，从而可绘制升阻比与迎角的关系曲线，如图3-18所示。该曲线称为升阻比曲线。

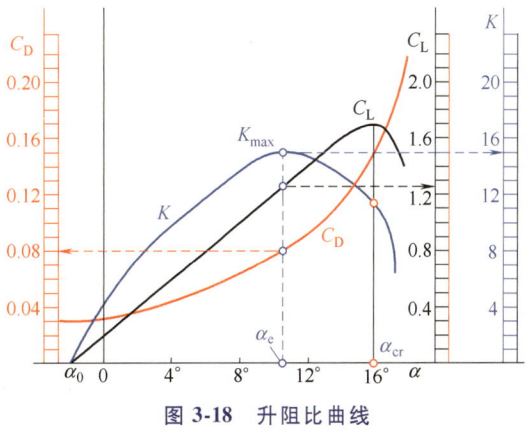

图3-18　升阻比曲线

从图3-18所示曲线可知，从零升迎角 α_0 开始，随着迎角的增大，升阻比也随之增大；当迎角增大至某一特定值时，升阻比达到最大值。此时的迎角称为有利迎角 α_e。当迎角从零升迎角 α_0 增大到有利迎角 α_e 时，升力系数增大较快，而阻力系数增大缓慢，因此升阻比不断增大。当迎角从有利迎角 α_e 增大到临界迎角 α_{cr} 时，升力系数增大缓慢，而阻力系数增大较快，因此升阻比逐渐减小。超过临界迎角时，升力系数开始减小，阻力系数急剧增大，因此升阻比急剧减小。

考题模拟

22. 下列关于升阻比的说法不正确的是（　　）。
   A. 升力系数达到最大时，升阻比也达到最大
   B. 升力和阻力之比升阻比达到最大之前，随迎角增加而增加
   C. 从有利迎角到临界迎角，升阻比减少
   D. 在有利迎角时，升阻比达到最大

思考题

1. 什么情况下可以把流体认为是不可压缩流体？
2. 什么情况下可以把流体认为是理想流体？
3. 流体流动状态具体有哪几种？
4. 简述连续性定理的和伯努利定理的具体内容。
5. 写出升力公式，并说明各参数的物理意义以及其对升力的影响。
6. 简述升力系数随迎角变化规律。
7. 名词解释：零升迎角、临界迎角、有利迎角。
8. 在航空器低速飞行时，常遇到哪几种阻力？请分别简述它们产生原因。
9. 简述升阻比随着迎角变化规律。
10. 计算题。

在一个稳定流动的流管中，流体密度为 $1kg/m^3$，1—1 截面直径是 100mm，流速是 10m/s，压力是 1MPa；2—2 截面直径是 10mm，试求 2—2 截面处流速及压力大小。

考题模拟答案

1. B　2. D　3. A　4. C　5. A　6. B　7. A　8. C　9. C　10. B　11. D　12. C　13. C
14. A　15. B　16. B　17. B　18. D　19. C　20. A　21. B　22. A

第4章 固定翼无人机的飞行性能及其特性

本章知识点思维导图

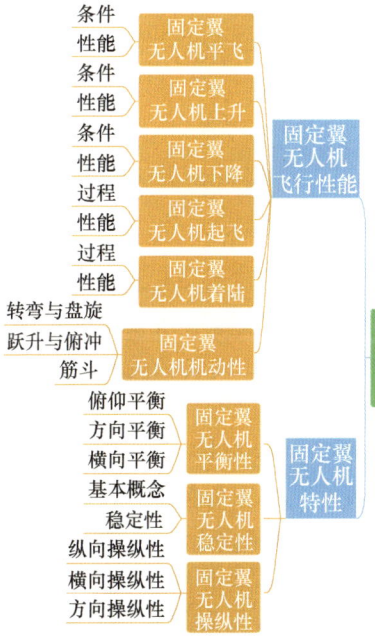

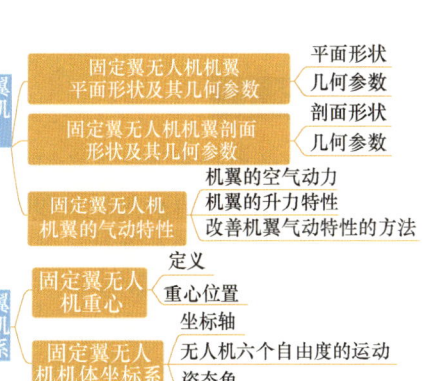

学习目标

1. 素养目标

1）具有深厚的爱国和航空报国的情怀。
2）具有刻苦钻研和创新精神。
3）崇尚科学、勇于探索。
4）勇于奋斗、乐观向上。

2. 能力目标

1）具有分析问题和解决问题的能力。
2）具有探究学习和终身学习的能力。

3）具有良好的语言表达和沟通能力。
4）能操控固定翼无人机飞行。
5）能分析固定翼无人机飞行性能。
6）能分析固定翼无人机平衡性、稳定性及操纵性。

3. 知识目标

1）了解机翼平面形状及剖面形状。
2）掌握翼展、翼弦、展弦比、后掠角、安装角、厚度、弯度等几何参数。
3）了解机翼面积、迎角、反角、中弧线、前缘点等几何参数。
4）了解机翼的空气动力特性和升力特性。
5）掌握改善机翼气动特性的方法。
6）了解平飞、上升和下降的飞行条件以及起飞和降落的过程和性能。
7）掌握平飞、上升和下降的性能参数。
8）了解转弯、盘旋、跃升、俯冲、筋斗等机动性。
9）掌握俯仰、横向和方向平衡的条件。
10）了解稳定性的基本概念。
11）掌握固定翼无人机的纵向稳定性、方向稳定性和横向稳定性。
12）掌握固定翼无人机的纵向操纵性、方向操纵性和操纵稳定性。

知识引入

固定翼无人机的前身就是我们日常生活中所说的"飞机"。自古以来，人类就梦想着能像鸟儿一样在天空中自由飞翔。2000多年前，中国人发明了风筝，虽然它不能把人带上天空，但它被认为是飞机的鼻祖。飞机是20世纪初最重大的发明之一。美国的莱特兄弟被誉为"飞机之父"，而冯如被誉为"中国航空之父"。冯如是我国第一位飞机设计师、制造师和飞行家，也是中国近代航空事业的创始人和开拓者。他创造了"六个第一"：第一个提出"航空救国"主张并为之奋斗终生的中国人；创办了中国人的第一家飞机制造公司；制造了中国第一架飞机——"冯如1号"；担任中国首位飞机长；完成中国人第一次驾驶自制飞机在祖国领空上公开的飞行表演。他还提出了航空战略理论，对中国航空事业和人民空军的发展产生了深远影响。冯如把毕生精力都献给了祖国的航空事业。我们要学习他爱国爱乡、航空报国的赤子情怀，崇尚科学、勇于探索的科学态度，自强不息、不断创新的精神，以及敢为人先、不畏艰险的顽强意志。这些品质能够洗涤我们的思想，净化我们的灵魂、提升我们的境界，将爱国之情和报国之志化为实际行动，为把我们国家建设得更加美好而努力奋斗。

4.1 固定翼无人机机翼

固定翼无人机一般由机翼、尾翼、机身、动力系统等组成，如图4-1所示。固定翼无人机的升力主要由机翼产生，而机翼的几何形状是影响升力的主要因素之一。机翼的几何形状主要包括平面形状和剖面形状。

第4章 固定翼无人机的飞行性能及其特性

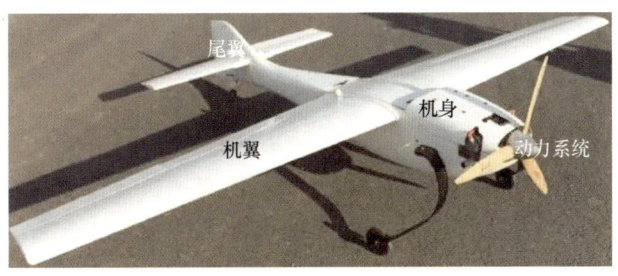

图 4-1 固定翼无人机的组成

4.1.1 固定翼无人机机翼平面形状及其几何参数

1. 平面形状

机翼的平面形状是指机翼在水平面内的投影形状,常见有矩形翼、梯形翼、后掠翼和三角翼,如图 4-2 所示。一般情况下,无人机多采用矩形翼和梯形翼,而高速无人机通常采用后掠翼和三角翼。

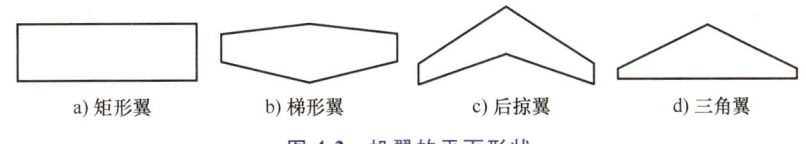

图 4-2 机翼的平面形状

2. 几何参数

机翼平面形状的几何参数主要包括机翼面积、翼展和后掠角。

(1) 机翼面积 S 机翼面积是指机翼在水平面内的投影面积,通常包括机身所占面积,除非特别说明。

(2) 翼展 L 翼展也称展长,是指左、右翼端(尖)之间的距离,如图 4-3 所示。

> 考题模拟
>
> 1. 测量机翼的翼展是从( )。
>   A. 左翼尖到右翼尖　　　　　B. 机身中心线到翼尖
>   C. 机翼前缘到后缘　　　　　D. 机头到机尾

(3) 梢根比 η 梢根比也称尖根比,是指机翼翼尖弦长 b_1 与翼根弦长 b_0 之比,即 $\eta = b_1/b_0$,如图 4-3 所示。

(4) 平均弦长 b_{avr} 平均弦长是指机翼翼尖弦长 b_1 与翼根弦长 b_0 之和的平均值,即

$$b_{avr} = \frac{b_1 + b_0}{2} \tag{4-1}$$

(5) 展弦比 λ 展弦比是指机翼展长 L 与平均弦长 b_{avr} 之比,即

$$\lambda = \frac{L}{b_{avr}} \tag{4-2}$$

考题模拟

2. 机翼的展弦比是（ ）。
   A. 机翼展长与机翼最大厚度之比
   B. 机翼展长与翼尖弦长之比
   C. 机翼展长与平均弦长之比
   D. 机翼展长与翼根弦长之比

（6）后掠角 后掠角是指机翼前缘线或后缘线或 1/4 弦线与垂直于机身轴线的直线之间的夹角，用于表示机翼向后倾斜的程度。具体而言，前缘线与水平线之间的夹角称为前缘后掠角 χ_0、后缘线与水平线之间的夹角称为后缘后掠角 χ_1，而 1/4 弦线与水平线之间的夹角称为 1/4 翼弦后掠角 $\chi_{0.25}$，如图 4-3 所示。一般用 1/4 翼弦后掠角作为机翼的后掠角。

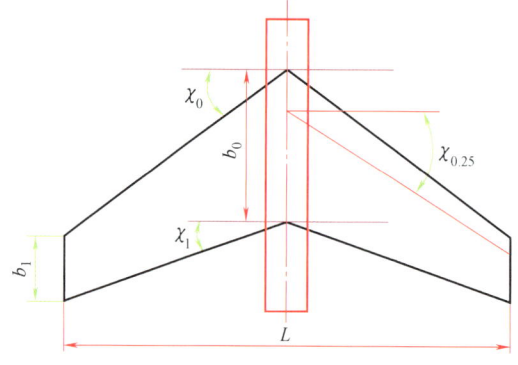

图 4-3　机翼平面形状的几何参数

考题模拟

3. 机翼 1/4 弦线与垂直于机身轴线的直线之间的夹角称为机翼的（ ）。
   A. 安装角　　B. 上反角　　C. 后掠角　　D. 下反角

（7）安装角 φ 安装角是指机翼翼根弦与机身轴线之间的夹角，如果 4-4 所示。

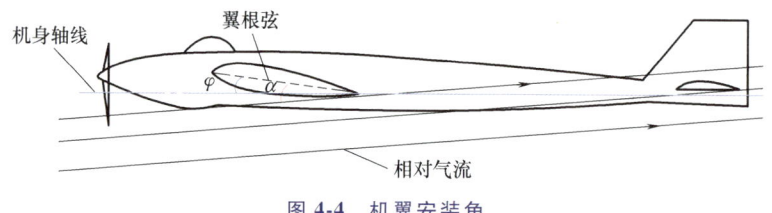

图 4-4　机翼安装角

考题模拟

4. 机翼的安装角是指（ ）。
   A. 机翼翼根弦与相对气流速度的夹角
   B. 机翼翼根弦与机身轴线之间的夹角
   C. 机翼翼根弦与水平面之间的夹角
   D. 机翼与水平面之间的夹角

（8）迎角 α 迎角是指翼弦与相对气流方向之间的夹角，如图 4-4 所示。当相对气流方向指向机翼下表面时，迎角为正；当相对气流方向指向机翼上表面时，迎角为负；当相对气流方向与翼弦平行时，迎角为零。

（9）反角 ψ　反角是指机翼基准面与水平线所成的角度（主视图）。当反角 ψ>0 时称为上反角，当反角 ψ<0 时称为下反角，如图 4-5 所示。一般情况下，平直翼采用上反角，后掠翼采用下反角。

4.1.2　固定翼无人机机翼剖面形状及其几何参数

1. 剖面形状

固定翼无人机的机翼横剖面形状称为翼型，如图 4-6 所示。常用的翼型主要有平凸型、对称型、凹凸型、双凸型、S 型和特种型，如图 4-7 所示。无人机常用的翼型有平凸型、双凸型和对称型，应根据飞行任务和性能要求选择合适的翼型。

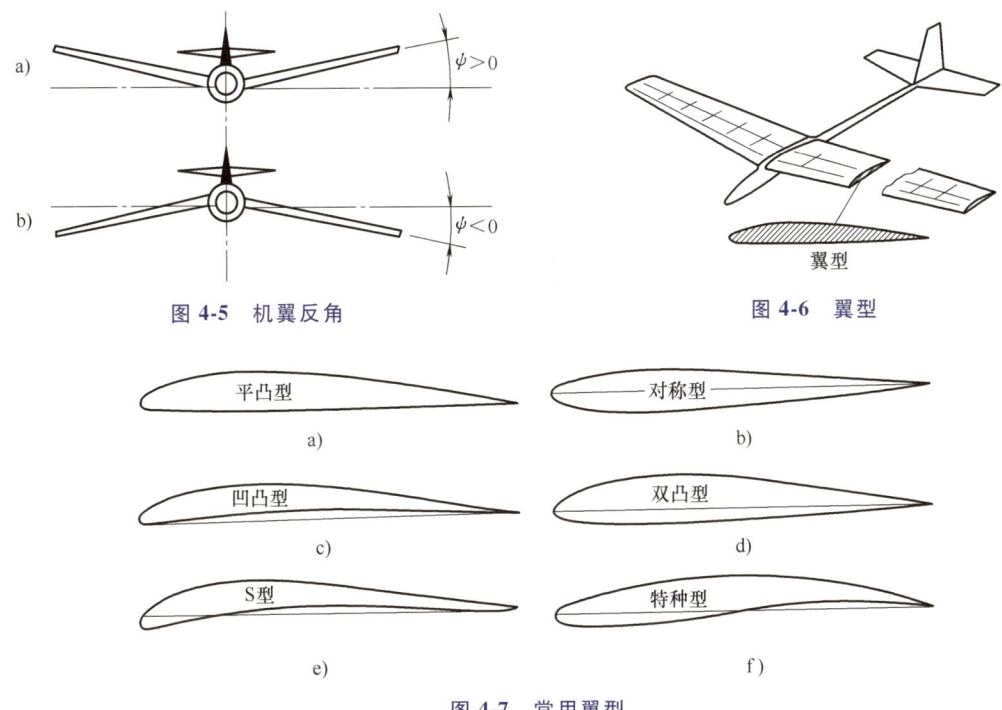

图 4-5　机翼反角　　　　　　　　图 4-6　翼型

图 4-7　常用翼型

2. 几何参数

（1）中弧线　中弧线是指到上、下翼面距离相等的曲线，如图 4-8 所示。

（2）前缘点　前缘点是指中弧线与上、下翼面外形线在前端的交点，如图 4-8 所示。

（3）后缘点　后缘点是指中弧线与上、下翼面外形线在后端的交点，如图 4-8 所示。

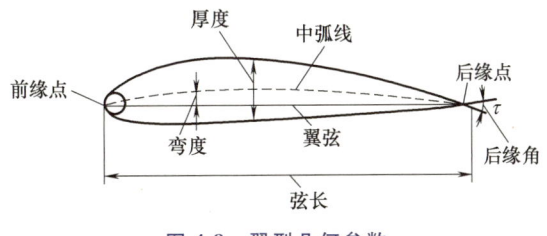

图 4-8　翼型几何参数

（4）翼弦　翼弦是指前缘点与后缘点之间的连线，如图4-8所示。

考题模拟

5. 测量机翼的翼弦是从（　　）。
   A. 左翼尖到右翼尖　　　　B. 机身中心线到翼尖
   C. 机翼前缘点到后缘点　　D. 上翼面到下翼面

（5）弦长 b　弦长是指前缘点与后缘点之间的直线距离，如图4-8所示。

（6）厚度 c　厚度是指上、下翼面在垂直于翼弦方向的距离，如图4-8所示。其中，最大的厚度值称为最大厚度 c_{max}。最大厚度与弦长的比值的百分数称为相对厚度，即

$$\bar{c} = \frac{c_{max}}{b} \times 100\% \tag{4-3}$$

考题模拟

6. 翼型的最大厚度与弦长的比值称为（　　）。
   A. 相对弯度　　B. 相对厚度　　C. 最大弯度　　D. 最大厚度

（7）最大厚度相对位置 $\bar{X}_c$　最大厚度 c_{max} 所在位置到前缘的距离称为最大厚度位置 X_c。最大厚度位置 X_c 与弦长的比值的百分数称为最大厚度相对位置 $\bar{X}_c$，即

$$\bar{X}_c = \frac{X_c}{b} \times 100\% \tag{4-4}$$

（8）弯度 f　弯度是指中弧线与翼弦之间的垂直距离，如图4-8所示。其中，最大的弯曲值称为最大弯度 f_{max}。最大弯度与弦长的比值的百分数称为相对弯度，即

$$\bar{f} = \frac{f_{max}}{b} \times 100\% \tag{4-5}$$

考题模拟

7. 翼型的最大弯度与弦长的比值称为（　　）。
   A. 相对弯度　　B. 相对厚度　　C. 最大弯度　　D. 最大厚度

（9）最大弯度相对位置 $\bar{X}_f$　最大弯度 f_{max} 所在位置到前缘的距离称为最大厚度位置 X_f。最大厚度位置 X_f 与弦长的比值的百分数称为最大厚度相对位置 $\bar{X}_f$，即

$$\bar{X}_f = \frac{X_f}{b} \times 100\% \tag{4-6}$$

（10）前缘半径　前缘半径是指与前缘相切的圆的半径，如图4-8所示。前缘半径决定了翼型前部的形状（尖或钝）。当前缘半径较小时，在大迎角情况下，气流容易分离，使无人机的稳定性变差；当前缘半径较大时，无人机的稳定性好，但阻力会相应增大。

（11）后缘角 τ　后缘角是指上、下翼面在后缘点处切线间的夹角，如图4-8所示。

4.1.3 固定翼无人机机翼的气动特性

无限展长机翼的气动特性与翼型的气动特性相同，而真实固定翼无人机的机翼都是有限展长的。在相同迎角的情况下，有限展长机翼的升力系数比无限展长机翼的升力系数小，并且展弦比越小，升力系数曲线的斜率就越小。

机翼的气动特性主要包括机翼的压力中心、升力特性及阻力特性。

1. 机翼的空气动力

根据翼型升力产生的原理可知，机翼升力的产生原因是机翼上、下表面的压力差。由图 3-12 所示翼型压强分布图可知，机翼的升力主要来源于上表面的吸力（负压）和下表面的压力（正压）获得。同时，机翼上表面前半部产生的吸力较大，而后半部产生的吸力较小。

8. 根据机翼的设计特点，其产生的升力来自于（　　）。
   A. 机翼上、下表面的正压强　　　　B. 机翼下表面的负压和上表面的正压
   C. 机翼下表面的正压和上表面的负压　D. 机翼上、下表面的压力

当气流绕过机翼时，在机翼表面上每一点都作用有压强 p（垂直于翼面）和摩擦切应力（与翼面相切）。这些力将产生一个合力 R，合力的作用点称为压力中心。合力在气流方向的分量为阻力 D，合力在垂直于气流方向的分量为升力 L，如图 4-9 所示。

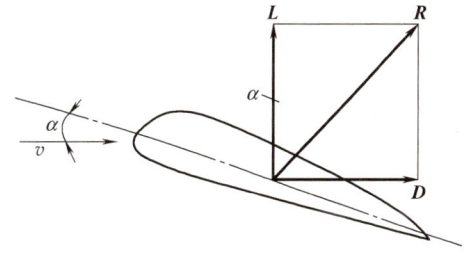

图 4-9　机翼的空气动力示意

9. 固定翼无人机的压力中心是（　　）。
   A. 压力最低的点　B. 压力最高的点　C. 升力的作用点　D. 压力的作用点

机翼的压力中心会随着迎角的变化而发生移动。当迎角增大时，机翼上表面前部的流管变细、流速加快、压力减小，因此压力中心前移；反之，压力中心则后移。

固定翼无人机的机身和水平尾翼也会产生一部分升力，其产生的原因与机翼升力的产生原因相同。因此，各部分升力的总和构成了固定翼无人机的总升力，而这个点升力的作用点称为固定翼无人机的压力中心。一般情况下，固定翼无人机的压力中心与机翼的压力中心是不重合的。

2. 机翼的升力特性

风洞实验表明，机翼的升力系数不仅与迎角有关，还与翼型种类、相对弯度、相对厚度及展弦比等因素有关，具体影响规律如下。

1）平凸翼型的升力系数最大，双凸翼型的升力系数次之，对称翼型的升力系数最小。这主要是因为平凸翼型上表面的流管最细，流速最快，压力最小，吸力最大；下表面的流管最粗，流速最慢，压力最大，吸力最小；因此，上、下表面压力差最大，产生的升力最大。

2) 相对弯度越大,最大升力系数也越大。

3) 相对厚度范围为 6%~12%,最大升力系数随着相对厚度的增加而增大;但当相对厚度超过 12% 后,最大升力系数则随着相对厚度的增加而减小。

4) 升力系数随着展弦比增大而增大。

3. 改善机翼气动特性的方法

对于同一型号的固定翼无人机,翼型是不变的。依据升力公式及机翼的升力特性可知,其升力的主要影响因素是飞行速度和迎角。在正常飞行时,固定翼无人机的升力基本保持不变,因为此时飞行速度较大,即使在较小的迎角下,也能产生足够的升力以克服重力并维持飞行。然而在低速飞行时,特别是在起飞和着陆阶段时,因为飞行速度较慢,只能通过增大迎角来增大升力,又因为迎角最多只能增大到临界迎角,所以,为了确保固定翼无人机在起飞和着陆时仍能产生足够的升力,必须在机翼上安装能增大升力系数的装置,这些装置称为增升装置。

(1) 增升装置的种类 根据安装位置的不同,可以将增升装置分为前缘增升装置和后缘增升装置。目前常用的增升装置主要有前缘缝翼(包括固定式和自动式)、前缘襟翼以及后缘襟翼。后缘襟翼又分为简单襟翼、分裂襟翼、开缝襟翼和后退襟翼,如图 4-10 所示。

(2) 增升原理 增升装置主要是通过增加机翼的弯度、有效面积以及改善机翼上表面的流体状态来提高升力。具体每种增升装置增升原理见表 4-1。

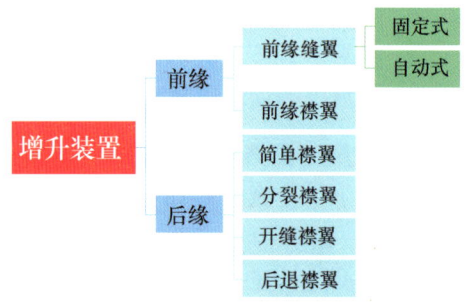

图 4-10 增升装置的种类

表 4-1 每种增升装置增升原理

名称		增升原理	特点	示意图
前缘缝翼	固定式	延缓机翼的气流分离现象,以增大临界迎角和最大升力系数来增大升力	结构简单,但在飞行速度加快时,所受到的阻力也急剧增大,目前应用不多	
	自动式		根据迎角的变化而自动开闭,目前应用十分广泛	
前缘襟翼		延缓上表面气流分离及增大翼型弯度,使最大升力系数和临界迎角增大,从而增大升力	增升效果好,广泛应用于高、亚音速固定翼无人机和超音速固定翼无人机	

（续）

名称		增升原理	特点	示意图
后缘襟翼	简单式	通过增大机翼的弯度，从而使升力增大，但升阻比减小	构造简单，大约能使升力系数增大65%~75%	
	分裂式	延缓气流分离，增大了机翼翼型的弯度，使升力增大	增升效果好，可使升力系数增大75%~85%，但临界迎角有所减小	
	开缝式	延缓气流分离，增大了机翼翼型的弯度，使升力增大	增升效果更好，可使升力系数提高85%~95%，但临界迎角减小不多	
	后退式	既增大了机翼的弯度，又增大了机翼面积，从而使升力增大	增升效果最好，一般可使翼型的升力系数增大110%~140%	

考题模拟

10. 前缘缝翼的作用有（　　）。
   A. 增大机翼的安装角　　　　　　B. 增加固定翼无人机的稳定性
   C. 增大最大升力系数　　　　　　D. 压力的作用点

11. 当后缘襟翼放下时，下列说法正确的是（　　）。
   A. 只增大升力　　　　　　　　　B. 只增大阻力
   C. 既增大升力又增大阻力　　　　D. 增大升力，减小阻力

12. 打开后缘襟翼既能增大机翼切面的弯曲度，又能增大机翼的面积，继而增大固定翼无人机的升力系数，这种襟翼为（　　）。
   A. 简单式　　　　B. 分裂式　　　　C. 开缝式　　　　D. 后退式

4.2　固定翼无人机坐标系

坐标系是描述物体位置和姿态的参考，因此也被称为参考系或参照系。在航空领域，常用的坐标系包括地面惯性坐标系、机体坐标系、航迹坐标系、气流坐标系和稳定性坐标系，其中最常用的是机体坐标系。因此，下面将重点介绍机体坐标系的相关知识。

4.2.1　固定翼无人机重心

1. 定义

固定翼无人机的重心是指其各部件、燃料、货物、人员等重量的合力作用点。计算重心

的方法主要有计算法、图表法和查表法三种。

考题模拟

13. 计算装载重量和重心的方法主要有计算法、图表法和（　　）。
A. 试凑法　　　B. 查表法　　　C. 约取法　　　D. 吊线法

2. 重心位置

重力作用点所在的位置称为重心位置。重心位置直接影响飞行的稳定性、操纵性和地面滑跑的稳定性。在无人机的总体设计阶段，需要通过合理安排各部位的位置来确定无人机重心的合理位置。通常用重心到平均气动力弦前缘的距离与平均气动力弦长之比的百分数来表示重心位置。在飞行过程中，固定翼无人机的重心位置不会随固定翼无人机飞行姿态的变化而变化，但会随着固定翼无人机的重量和各部件位置的变化而变化。

考题模拟

14. 固定翼无人机重心位置的表示方法是（　　）。
A. 用重心到平均气动力弦前缘的距离和平均气动力弦长之比的百分数来表示
B. 用重心到平均几何弦后缘的距离和平均几何弦长之比的百分数来表示
C. 用重心到机体基准面的距离和平均气动力弦长之比的百分数来表示
D. 用重心到平均气动力弦后缘的距离和平均气动力弦长之比的百分数来表示

坐标轴

俯仰、滚转、偏航运动

4.2.2　固定翼无人机机体坐标系

1. 坐标轴

通过固定翼无人机重心的三条互相垂直的、以机体为基准的坐标轴称为**机体轴**。这三条轴的具体定义是：原点 O 位于固定翼无人机的重心，从机头到机尾为纵轴（Ox），从左翼通过重心到右翼并与纵轴垂直的轴为横轴（Oz），通过重心并与纵轴和横轴都垂直的轴为立轴（Oy），如图 4-11 所示。

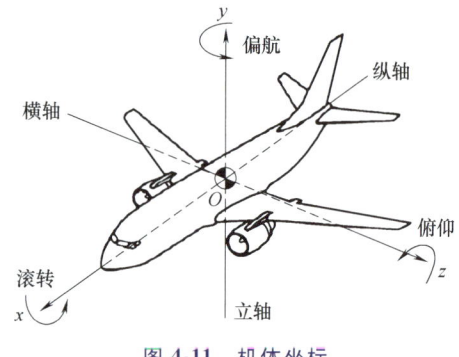

图 4-11　机体坐标

2. 无人机六个自由度的运动

无人机沿纵轴的水平运动称为前后运动，围绕纵轴的运动称为滚转运动；沿横轴的水平运动称为左右运动，围绕横轴的运动称为俯仰运动；沿立轴的水平运动称为升降运动，围绕立轴的运动称为偏航运动，如图 4-11 所示。

考题模拟

15. 绕无人机横轴的运动是（　　）。
A. 滚转运动　　　B. 俯仰运动　　　C. 偏航运动　　　D. 左右运动

第4章 固定翼无人机的飞行性能及其特性

3. 姿态角

机体纵轴 Ox 与水平面（Ox_gy_g）之间的夹角称为俯仰角 θ，机体抬头时为正；机体纵轴 Ox 在水平面（Ox_gy_g）上的投影与地轴 Ox_g 之间的夹角称为偏航角 ψ，也称方位角，机体向右偏时为正；机体轴 Oz 与通过机体轴 Ox 的垂直面间的夹角称为滚转角 ϕ，机体向右滚转时为正，如图 4-12 所示。

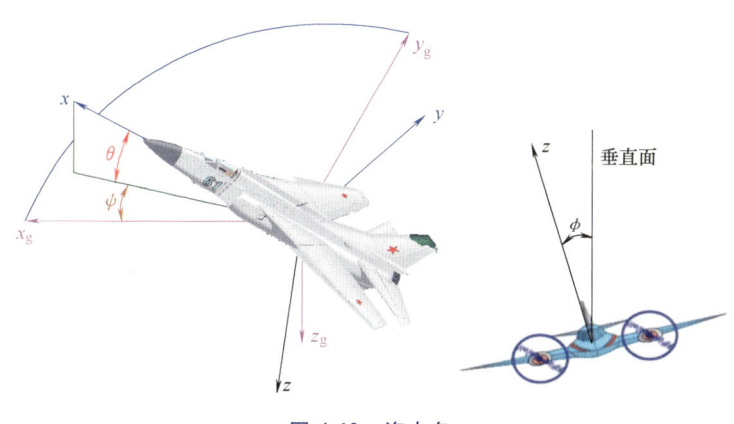

图 4-12 姿态角

> **考题模拟**

16. 固定翼无人机飞行的俯仰角是指（　　）。
A. 无人机纵轴与飞行速度向量的夹角　　B. 无人机纵轴与水平面的夹角
C. 机体立轴与通过纵轴的铅垂面间的夹角　　D. 飞行速度与水平面的夹角

4.3 固定翼无人机飞行性能

固定翼无人机的飞行性能是指其飞行能力，包括平飞、上升、下降、起飞、着陆及机动性能等，是衡量固定翼无人机的重要指标。其中，固定翼无人机的基本飞行性能主要是指等速直线平飞、上升和下降性能。

4.3.1 固定翼无人机平飞

固定翼无人机在等高且等速的条件下进行水平直线运动，这种飞行状态称为平飞。

1. 条件

固定翼无人机受到的外力主要有升力 L、阻力 D、推力 T 和重力 G，这些力都通过其重心，如图 4-13 所示。为了保持平飞，升力与重力之间需要达到平衡，同时推力与阻力之间也需要达到平衡，并且各力对重心的力矩也必须相互平衡，即

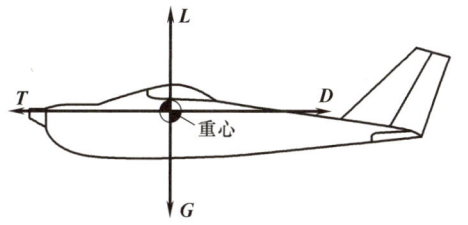

图 4-13 平飞中的固定翼无人机的受力

$$L = G$$
$$T = D \tag{4-7}$$

考题模拟

17. 固定翼无人机平飞时保持等速飞行的平衡条件是（　　）。
    A. 升力等于重力、推力等于重力
    B. 升力等于重力、推力等于阻力
    C. 升力等于阻力、推力等于重力
    D. 升力等于阻力、推力等于阻力

2. 性能

飞行速度是在飞行性能中最重要的性能参数之一。对于军用固定翼无人机来说，一般指的是最大平飞速度，而对民用固定翼无人机来说，一般指的是巡航速度。

因为 $L=G$，代入升力公式，可得到固定翼无人机平飞所需速度为

$$v_{平} = \sqrt{\frac{2G}{\rho C_L S}} \tag{4-8}$$

式中　ρ——空气密度，kg/m^3；

C_L——升力系数；

S——机翼投影面积，m^2。

（1）最小速度　最小速度是指在一定高度上，固定翼无人机能维持水平直线飞行的最小速度，其值取决于最大升力系数 C_{Lmax}，即

$$v_{min} = \sqrt{\frac{2G}{\rho C_{Lmax} S}} \tag{4-9}$$

随着飞行高度的增加，空气密度 ρ 将减小，因此最小飞行速度将增大。因为临界迎角对应的升力系数最大，所以与临界迎角对应的速度就是平飞最小速度。这个速度对固定翼无人机的起降性能及低速飞行时的安全性有重要影响。平飞最小速度越小，固定翼无人机的接地速度也越小，着陆后滑跑距离就会大大缩短，从而改善其着陆性能。另外，式（4-9）所表达的飞行速度是平飞的最小理论速度，实际飞行时，其值应略大于式（4-9）的计算值。因为当固定翼无人机接近临界迎角飞行时，机翼上的气流分离严重，容易失速，并且稳定性和操纵性也差。

（2）最大速度　最大速度是指在一定的高度和重量下，发动机全油门时，固定翼无人机所能达到的速度。通常固定翼无人机不以最大速度长时间飞行，因为油耗太大，而且对发动机有损坏。

要提高固定翼无人机的最大速度，一方面要减小阻力，另一方面要增大发动机的推力。但应注意的是，随着发动机推力的增大，固定翼无人机的重量和阻力也会增大。此外，当飞行速度接近声速或超过声速时，固定翼无人机上将产生"激波"，此时飞行阻力将急剧增大。因此，若不改变固定翼无人机的外形，仅靠增大推力是无法提高最大平飞速度的。

（3）巡航速度　巡航速度是指发动机在每千米消耗燃油量最小时的飞行速度。巡航速度显然要大于最小平飞速度，小于最大平飞速度。固定翼无人机以巡航速度飞行最为经济，航程也最长。

（4）有利速度　有利速度是指固定翼无人机平飞所需推力最小的飞行速度，也称最小阻力速度。对应的迎角称为有利迎角，此时升阻比最大，航程较长。

（5）经济速度　经济速度是指固定翼无人机平飞时所需功率最小的速度，也称最小功率速度。对应的迎角称为经济迎角，此时比较省油，航时最长。

考题模拟

18. 无人机能获得平飞航程最长的速度是（　　）。
　　A. 有利速度　　　B. 最大速度　　　C. 巡航速度　　　D. 经济速度
19. 无人机能获得平飞航时最长的速度是（　　）。
　　A. 有利速度　　　B. 最大速度　　　C. 巡航速度　　　D. 经济速度

（6）航程　航程是指在载油量一定的情况下，不进行空中加油或不更换电池的条件下，固定翼无人机能持续飞行的距离。当固定翼无人机以巡航速度飞行时所能达到的最远距离称为最大航程。它是衡量固定翼无人机能飞多远的重要指标。提高航程的主要方法是减小发动机的燃油消耗率，增大固定翼无人机的最大升阻比。在固定翼无人机总重一定的情况下，减轻结构重量、增大载油量也可以有效增加航程。此外，还可以通过安装可抛弃的副油箱来增加固定翼无人机的航程。

（7）航时　航时是指固定翼无人机在空中不加油或不换电池的条件下，能持续飞行的时间，也称续航时间。当固定翼无人机加满油或充满电且以经济速度飞行时，其能持续飞行的时间称为最大航时。

考题模拟

20. 固定翼无人机平飞航程的长短决定于（　　）。
　　A. 平飞可用燃油量多少　　　　B. 平飞的高度
　　C. 发动机小时耗油量的大小　　D. 飞行速度

4.3.2　固定翼无人机上升

固定翼无人机以等速直线方式向上飞行的过程称为上升，也称爬升。

1. 条件

在上升过程中，作用于固定翼无人机的力与平飞时相同，有升力 L、阻力 D、推力 T 和重力 G，如图 4-14 所示。但此时重力并不和固定翼无人机的运动方向垂直，而是可以分解成两个分力：一个垂直于固定翼无人机运动方向的分力 G_2 和一个平行于运动方向的分力 G_1。

上升时，固定翼无人机各力达到平衡，并且通过重心，同时各力矩也保持平衡，即

$$L = G_2 = G\cos\theta$$
$$T = D + G_1 = D + G\sin\theta \qquad (4\text{-}10)$$

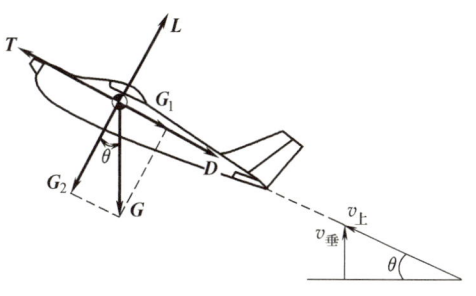

图 4-14　上升时固定翼无人机受力

从式（4-10）可知，在相同速度下飞行时，上升所需推力大于平飞所需推力，而上升时的升力则小于平飞时的升力。

2. 性能

固定翼无人机的上升性能主要包括上升角、陡升速度、上升率、快升速度、升限及上升时间。

（1）上升角　上升角是指固定翼无人机上升轨迹与水平线之间的夹角 θ，如图4-14所示。上升角越大，表示固定翼无人机在通过相同水平距离时，上升的高度越高，其越障能力越强。

（2）陡升速度　陡升速度是指固定翼无人机能够获得最大上升角的速度。在飞行重量相同的情况下，固定翼无人机的上升角与油门和飞行速度有关。油门越大，上升角越大；当发动机全油门，螺旋桨固定翼无人机以经济速度飞行时，上升角最大。因此，陡升速度等于经济速度。

（3）上升率　上升率是指在上升过程中，固定翼无人机单位时间内所上升的高度，即垂直方向的速度，如图4-14所示。上升率越大，固定翼无人机爬升越快，因此到达一定高度所需的时间越短，上升性能越好。上升率与剩余功率和飞行重量有关。当固定翼无人机的剩余功率越大，并且飞行重量越轻时，上升率越大。从图4-14可知，若上升角不变，随着上升速度的增大，上升率也增大；若保持上升速度不变，随着上升角的增大，上升率也增大。实际上，在飞行过程中，上升角和上升速度是同时变化的。当上升速度较大时，上升角较小；当上升角较大时，上升速度较小。只有当上升速度和上升角都较大时，上升率才能达到最大。

（4）快升速度　快升速度是指固定翼无人机能获得最大上升率的速度，也称最快上升速度。只有保持最大上升率上升时，到达预定高度的时间最短，上升最快。

（5）最佳上升角速度　最佳上升角速度是指固定翼无人机在给定的水平距离内能够获得最高高度的速度，也称最佳爬升角速度。这个速度通常会随着高度的增加而缓慢增大。

（6）最佳上升率速度　最佳上升率速度是指固定翼无人机在每单位时间内能够获得最大高度增加的速度，也称最佳爬升率速度。这个速度通常会随着高度的增加而缓慢减小。通常情况下，最佳上升角速度小于最佳上升率速度。在实际操控过程中，固定翼无人机在上升过程中，先以最佳爬升角速度飞行一段距离，之后可以稍微降低俯仰姿态，继续以最佳爬升率速度爬升，直到达到一个安全的机动高度。

考题模拟

21. 高度增加，最佳爬升角速度（　　），最佳爬升率速度（　　）。
A. 增大，减小　　B. 减小，增大　　C. 增大，增大　　D. 减小，减小

（7）理论升限　理论升限是指最大上升率为零时的高度极限，也称静升限。此时，固定翼无人机只能以经济速度进行平飞。然而，在此飞行高度上，固定翼无人机如果受到轻微干扰或操纵不当，可能会导致高度降低。因此，在实际飞行中，固定翼无人机通常只能在稍低于理论静升限的高度上飞行，以便保留一定的推力储备并保持良好的操纵性。此高度称为实用升限。

(8) 动升限　动升限是指在作战等特殊情况下，固定翼无人机在实用静升限上用最大平飞速度飞行时，通过向后拉俯仰舵，固定翼无人机利用动能向上冲，从而超过理论升限达到一个新的最大高度。因此，动升限>理论升限>实用升限。

考题模拟

22. 固定翼无人机的理论升限（　　）实用升限。
   A. 等于　　　B. 大于　　　C. 小于　　　D. 大于或等于

4.3.3　固定翼无人机下降

固定翼无人机以等速直线方式向下飞行的过程称为下降。下降是固定翼无人机降低高度的基本方法。根据下降过程中所需推力（正推力、零推力和负推力），可以研究不同的下降性能。本文中只研究零推力条件下的下降性能。当推力近似为 0（即关闭油门）时，这种下降方式称为下滑。

1. 条件

下滑时作用在固定翼无人机的力主要有升力、阻力和重力，如图 4-15 所示。与上升平衡条件相同，即

$$L = G_1 = G\cos\beta$$
$$D = G_2 = G\sin\beta \qquad (4\text{-}11)$$

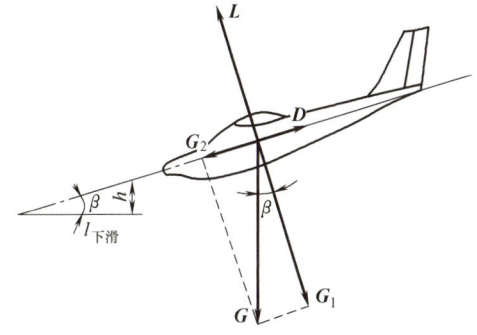

图 4-15　下滑时固定翼无人机的受力

考题模拟

23. 对于滑翔机和下滑中的固定翼无人机来说，升力和重力关系是（　　）。
   A. $L = G\cos\beta$　　B. $L = G\sin\beta$　　C. $L = G$　　D. $L = G\tan\beta$

2. 性能

（1）下滑角 β　下滑飞行轨迹与水平线之间的夹角称为下滑角，如图 4-15 所示。

考题模拟

24. 固定翼无人机的下滑角是指（　　）。
   A. 升力与阻力的夹角　　　B. 飞行轨迹与水平面的夹角
   C. 阻力与重力的夹角　　　D. 升力与重力的夹角

由图 4-15 可得

$$\tan\beta = \frac{G_2}{G_1} \qquad (4\text{-}12)$$

把式（4-11）代入式（4-12）可得

$$\tan\beta = \frac{D}{L} \qquad (4\text{-}13)$$

因为升阻比 $K=L/D$，所以式（4-13）变为

$$\tan\beta = \frac{1}{K} \tag{4-14}$$

由式（4-14）可知，升阻比与下滑角成反比，即升阻比越大，下滑角越小。**固定翼无人机采用有利速度下滑时，升阻比最大，下滑角最小。**

考题模拟

25. 采用有利速度下滑时，固定翼无人机的（　　）最大。
    A. 升阻比　　　　B. 升力　　　　C. 下滑角　　　　D. 阻力

（2）下滑距离　下滑距离是指固定翼无人机从一定高度开始下滑，降低到另一高度时所经过的水平距离，如图 4-15 所示。

由图 4-15 可得

$$\tan\beta = \frac{h}{l_{下滑}} \tag{4-15}$$

把式（4-14）代入式（4-15）可得

$$l_{下滑} = hK \tag{4-16}$$

由式（4-16）可知，下滑距离的长短取决于下滑高度和升阻比。以有利速度下滑时，因为升阻比最大，下滑角最小，下滑距离最长。因此，为了缩短下滑距离，需要采取一些措施，例如放下起落架和襟翼，以减小升阻比。

（3）下滑率　下滑率是指固定翼无人机在单位时间内下降的高度。当以经济速度下滑时，下滑率最小。

考题模拟

26. 使固定翼无人机获得最大下滑距离的速度是（　　）。
    A. 最大下滑速度　　B. 失速速度　　C. 有利速度　　D. 经济速度

4.3.4　固定翼无人机起飞

起飞和着陆是固定翼无人机的两个重要的飞行状态。起飞和着陆性能的好坏直接影响固定翼无人机能否顺利完成正常的飞行任务。常见的固定翼无人机起飞方式主要包括起落架滑跑起飞式、手抛式、零长式（火箭助推式）、弹射式（图 4-16）、母机携带发射式、容器式发射装置发射以及垂直起飞（图 4-17）。目前，民用无人机最常用的地面起飞方式为起落架

图 4-16　弹射起飞

图 4-17　垂直起飞

滑跑起飞式、弹射式和垂直起飞。其中，起落架滑跑起飞式的起飞过程相对比较复杂，因此下面将重点介绍此种起飞方式。

> **考题模拟**

27. 不属于无人机起飞方式的是（　　）。
A. 弹射　　　　B. 滑跑　　　　C. 滑翔　　　　D. 空中投放

1. 过程

固定翼无人机的滑跑起飞过程是一种加速飞行的过程。该过程从起飞线开始，经过地面加速滑跑直至离开地面，并上升到安全高度（25 m）、速度达到起飞安全速度。整个起飞过程包括地面加速滑跑阶段和加速上升到安全高度阶段，如图 4-18 所示。

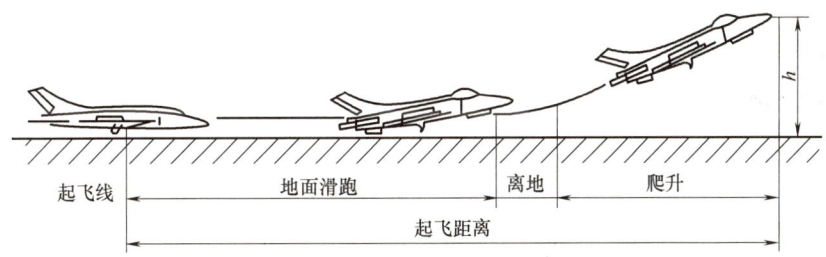

图 4-18　固定翼无人机的起飞过程

固定翼无人机起飞时停在起飞线上，驾驶员把油门杆推到最大后，使固定翼无人机加速滑跑。当加速达到一定速度时，驾驶员拉动俯仰舵，使固定翼无人机抬头，从而增大迎角；当升力等于重力时，固定翼无人机开始离开地面，此时所对应的速度为离地速度；随着升力进一步增大，固定翼无人机加速上升，当固定翼无人机上升到安全高度 h 时，起飞过程结束。

2. 性能

（1）离地速度　离地速度是指当升力等于重力时，固定翼无人机开始离开地面的瞬间速度。

（2）滑跑距离　滑跑距离是指固定翼无人机从开始滑跑至离开地面之间的距离，如图 4-18 所示。

（3）起飞距离　起飞距离是指固定翼无人机从开始滑跑至上升到安全高度 h 所经过的水平距离，如图 4-18 所示。

为了产生足够的升力使固定翼无人机离地起飞，不论是否有风，离地空速是一定的，但滑跑距离只与离地地速有关。由图 3-9a 可知，逆风滑跑时，由于离地空速不变，离地地速较小，因此起飞滑跑距离比无风时短；顺风滑跑时则相反。因此，风对起飞距离的影响是显著的。在预测起飞距离时，必须充分考虑风的影响。

固定翼无人机的起飞距离越短越好。为了缩短固定翼无人机的起飞距离，可以采用增升装置来增大升力，也可以增大推力来加速，例如可以采用助推火箭增大推力，减少加速所需时间。另外，对于舰载固定翼无人机，还可以采用弹射起飞的方法缩短起飞距离。

考题模拟

28. 固定翼无人机离地速度越小，则（　　）。
    A. 滑跑距离越短，起飞性能越好　　B. 滑跑距离越短，起飞性能越差
    C. 滑跑距离越长，起飞性能越好　　D. 以上都不对

4.3.5　固定翼无人机着陆

着陆是固定翼无人机的回收方式之一。除此之外，还有迫降式、降落伞式、空中回收式及拦截网式。着陆是比较常用回收方式，因此本文重点介绍着陆性能。

1. 过程

固定翼无人机的着陆过程是一种减速飞行的过程，从离地面一定高度（25m）开始下滑，直至着陆滑跑停止。整个过程包括下滑、拉平、平飞减速、飘落和接地、滑跑五个分阶段，如图 4-19 所示。

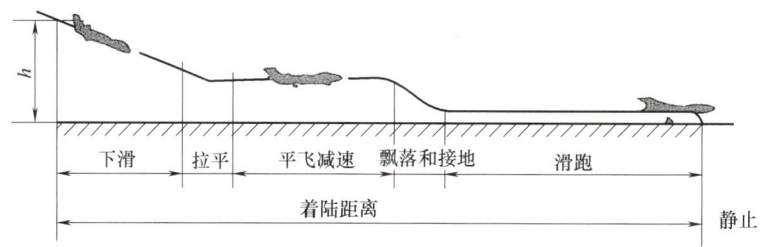

图 4-19　着陆

（1）下滑　固定翼无人机从安全高度 h 开始下滑时，发动机处于慢车工作状态，襟翼打开到最大角度，固定翼无人机接近于等速直线下滑。

（2）拉平　当接近地面时，驾驶员应将固定翼无人机拉平，然后保持在离地约 1m 的高度进行平飞减速。随着飞行速度的降低，驾驶员需要不断拉俯仰舵，使迎角增大，以使固定翼无人机缓慢地降低高度。

（3）飘落和接地　当升力不足以平衡固定翼无人机的重量时，固定翼无人机开始飘落，并以主轮接地。此时对应的速度就是着陆接地速度。

（4）滑跑　固定翼无人机接地后，速度进一步降低，并进入滑跑阶段。此时驾驶员可以使用刹车等装置使固定翼无人机继续减速，直至完全停止。

2. 性能

（1）接地速度　接地速度是指在保持升力等于重力的情况下，固定翼无人机接地瞬间的速度。

（2）着陆滑跑距离　着陆滑跑距离是指固定翼无人机从接地到滑跑停止所经过的距离。

（3）着陆距离　着陆距离是指固定翼无人机从一定高度开始下降，接地滑跑至完全停止所经过的水平距离，如图4-19所示。

固定翼无人机的接地速度越慢，着陆距离越短，着陆性能越好，飞行安全性越高。为了提高固定翼无人机的着陆性能，可以打开机翼上的扰流片和襟翼来增大阻力，襟翼放下角度比起飞时大得多。因为增大襟翼角度不仅能增大升力，以降低接地速度，还能增大阻力，从而缩短滑跑距离。还可以安装刹车、阻力伞、阻力板、反推装置及拦阻钩等设备，以增大阻力，缩短滑跑距离。

考题模拟

29. 固定翼无人机接地速度越小，则（　　）。
　A. 着陆距离越短，起飞性能越好　　B. 着陆距离越短，起飞性能越差
　C. 着陆距离越长，起飞性能越好　　D. 以上都不对

4.3.6　固定翼无人机机动性

机动性是固定翼无人机的重要战术和技术指标，是指固定翼无人机在一定时间内改变飞行速度、高度和方向的能力。显然，改变一定飞行速度、高度或方向所需的时间越短，固定翼无人机的机动性就越好。

根据固定翼无人机在飞行中改变的参数不同，可将机动性分为速度机动性、高度机动性和方向机动性。通常使用载荷因数（也称过载系数）来评定固定翼无人机的机动性。载荷因数是指固定翼无人机所受除重力的外力总和与其重量之比。一般而言，载荷因数越大，固定翼无人机的机动性越好。对于高机动性的固定翼无人机，过载系数可高达9左右。

常见的机动动作主要包括转弯、盘旋、跃升与俯冲、筋斗。下面将分别详细介绍每种机动动作的飞行性能。

考题模拟

30. 载荷因数是（　　）。
　A. 拉力与阻力的比值　　B. 升力与阻力的比值
　C. 承受的载荷（除重力）与重量的比值　　D. 升力与重力的比值

1. 转弯与盘旋

在平飞过程中为了改变固定翼无人机航向，驾驶员常采用连续操纵方向舵和副翼的方法，使固定翼无人机在水平面内连续改变飞行方向，同时保持高度不变的一种曲线运动。若航向改变的角度大于360°，这种运动称为盘旋；若航向改变的角度小于360°，这种运动称为水平转弯。因此，可以说固定翼无人机的转弯是盘旋的一个特例。

（1）受力分析　在转弯或盘旋过程中，固定翼无人机受到的力主要有升力、重力、拉力、阻力和离心力等，如图4-20所示。

依据受力分析可知，固定翼无人机在转弯时，升力在垂直方向的分量 L_1 与固定翼无人机的重力 G 平衡；升力在水平方向的分量 L_2（提供了使固定翼无人机做曲线运动的向心

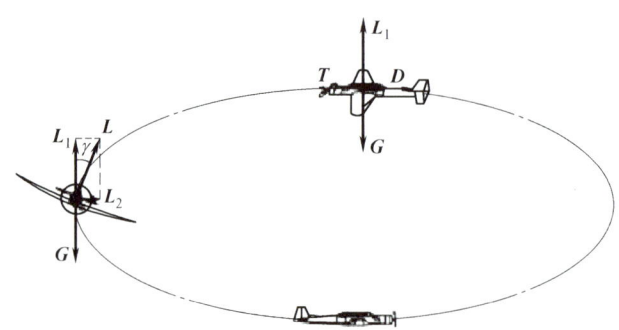

图 4-20 固定翼无人机在水平转弯时的受力

力）与离心力平衡，即

$$L\sin\gamma = F_e = ma = \frac{G}{g} \times \frac{v^2}{r} \tag{4-17}$$

$$L\cos\gamma = G \tag{4-18}$$

式中　L——升力，N；

　　　γ——操纵副翼使固定翼无人机产生的倾斜角，也称盘旋坡度角；

　　　F_e——离心力，N；

　　　G——重力，N；

　　　v——飞行速度，m/s；

　　　g——重力加速度，m/s^2；

　　　r——转弯半径，m。

在操纵固定翼无人机进行水平转弯时，首先要操纵副翼，使固定翼无人机倾斜。这样，升力才能在水平方向产生分量 L_2，为固定翼无人机转弯提供向心力。为了防止固定翼无人机在水平转弯时掉高度，在保持飞行速度不变的情况下，还应向后拉俯仰杆，使固定翼无人机抬头，增大迎角，增大升力，使升力在垂直方向的分量 L_1 与固定翼无人机的重力 G 平衡。另外，迎角的增大不但使升力增大，还会使阻力加大。为了保持飞行速度大小不变，还应增大发动机推力，以平衡增大的阻力，从而达到推力等于阻力的要求。

考题模拟

31. 无人机转弯的向心力是（　　）。
　A. 推力　　　　　　　　　B. 方向舵上产生的气动力
　C. 升力的水平分力　　　　D. 阻力

32. 无人机转弯时，为保持高度需要增大迎角，原因是（　　）。
　A. 保持升力垂直分量不变　　B. 用以使机头沿转弯方向转动
　C. 保持升力水平分量不变　　D. 以上都不对

33. 转弯时，为保持高度和空速，应（　　）。
　A. 增大迎角和油门　　　　B. 减小迎角和油门
　C. 减小迎角，增大推力　　D. 增大迎角，减小推力

(2)载荷因数 由式(4-18)还可以得出固定翼无人机水平转弯时的载荷因数:

$$n = \frac{L}{G} = \frac{1}{\cos\gamma} \tag{4-19}$$

因为 $\cos\gamma$ 总是小于1,所以固定翼无人机在水平转弯时,载荷因数 n 总是大于1,也就是升力总是大于固定翼无人机的重力。转弯时,固定翼无人机的倾斜角 γ 越大,所需升力 L 越大。例如,当固定翼无人机水平转弯的倾斜角 $\gamma = 30°$ 时,载荷因数 $n = 1.15$,升力为固定翼无人机重力的1.15倍;当倾斜角 $\gamma = 60°$ 时,载荷因数 $n = 2$,升力为固定翼无人机重力的2倍。

在实际飞行中,固定翼无人机能够产生的升力受到其结构强度、发动机推力和临界迎角的限制,因此固定翼无人机在转弯时的最大倾斜角也是有限制的。

(3)盘旋半径和时间 由式(4-17)和式(4-18)可得

$$r = \frac{v^2}{g} \times \frac{1}{\tan\gamma} \tag{4-20}$$

把 $\tan\gamma = \sin\gamma/\cos\gamma = \dfrac{\sqrt{1-\cos^2\gamma}}{\cos\gamma} = \sqrt{\dfrac{1}{\cos^2\gamma} - 1}$ 代入式(4-20)得

$$r = \frac{v^2}{g} \times \frac{1}{\sqrt{\dfrac{1}{\cos^2\gamma} - 1}} \tag{4-21}$$

把式(4-19)代入式(4-21)得

$$r = \frac{v^2}{g} \times \frac{1}{\sqrt{n^2-1}} = \frac{v^2}{g\sqrt{n^2-1}} \tag{4-22}$$

由式(4-22)可知,盘旋速度越大,盘旋半径越大;载荷因数越大(即坡度越大),盘旋半径越小。

考题模拟

34. 当固定翼无人机以恒定角速度水平转弯时,空速增大,转弯半径( )。
 A. 不变　　　B. 减小　　　C. 增大　　　D. 以上都不对

当盘旋半径一定时,盘旋一周所需要时间 t 为

$$t = \frac{2\pi r}{v} \tag{4-23}$$

将式(4-22)代入式(4-23)得

$$t = \frac{2\pi v}{g\sqrt{n^2-1}} \tag{4-24}$$

由式(4-24)可知,当盘旋速度一定时,载荷因数越大(即坡度越大),盘旋半径越小,盘旋一周所需时间越短。若想减小盘旋半径和缩短时间,须增大载荷因数。然而,由于载荷因数要受到结构强度和驾驶员的生理条件限制,因此不能太大。

（4）内侧滑转弯与外侧滑转弯　当固定翼无人机转弯时，如果驾驶员对副翼和方向舵的操纵配合不好，就会使固定翼无人机在转弯过程中产生侧滑。无人机对称面与相对气流之间的夹角称为侧滑角。具体来说，若气流是从转弯无人机的内侧吹来，这种情况称为内侧滑；若气流是从外侧吹来，这种情况称为外侧滑，如图 4-21 所示。

当出现内侧滑时，会产生向外侧的侧力。此时，侧力的垂直分量将使盘旋高度增加，而侧力的水平分量会使盘旋半径增大。此外，内侧滑还会引起内侧机翼的升力增大，外侧机翼的升力减小，从而促使无人机的坡度减小。这种变化会进一步使转弯高度增加，转弯半径增大。

相反的，当出现外侧滑时，会产生向内侧的侧力。侧力的垂直分量将使盘旋高度降低，侧力的水平分量会使盘旋半径减小。同时，外侧滑还会引起侧外机翼的升力增大，内侧机翼的升力减小，从而促使无人机的坡度增大。这种变化会进一步使转弯高度降低，转弯半径减小。

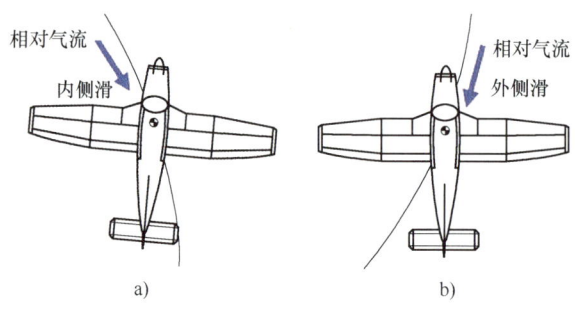

图 4-21　侧滑

考题模拟

35. 飞行侧滑角是指（　　）。
　　A. 机体纵轴与水平面的夹角　　　　B. 飞行速度与水平面的夹角
　　C. 无人机对称面与相对气流之间的夹角　　D. 飞行路线与水平线间的夹角

36. 内侧滑转弯时，转弯的快慢和所倾斜的角度不对应，然后无人机会偏航到转弯航迹的内侧。下列说法正确的是（　　）。
　　A. 无人机以一定的角速度转弯而倾斜过多时，水平升力分量小于离心力。
　　B. 升力的水平分量和离心力的平衡只能通过减小倾斜度建立
　　C. 升力的水平分量和离心力的平衡可以通过减小倾斜度建立
　　D. 以上都不对

为了使固定翼无人机进行不带侧滑的正常水平转弯，驾驶员需要对副翼、升降舵和方向舵进行协调操纵。同时，还要配合发动机的油门操纵，以保持合适的推力。

2. 跃升与俯冲

跃升是指无人机快速上升高度的机动飞行，将动能转化为势能，从而迅速提高高度。在给定初始高度和速度的情况下，无人机可获得的高度增量越大，完成跃升所需的时间越短，跃升性能越好。

跃迁轨迹可分为进入阶段、直线阶段和改出阶段，如图 4-22 所示。在跃升过程中，通常使发动机处于大推力状态，以便最大限度地爬升并保持足够的飞行速度。无人机进入跃升的速度越大，跃升终了时的速度越小，跃升高度越高。需要注意的是，跃升终了时的速度不能过小，以免发生失速或失去操纵等危险。

俯冲是无人机快速下降高度的一种机动飞行，通过将势能转化为动能，迅速降低高度并提高速度。

俯冲过程也分为进入阶段、直线阶段和改出阶段，如图 4-22 所示。根据需要，俯冲时可选择带动力或不带动力。

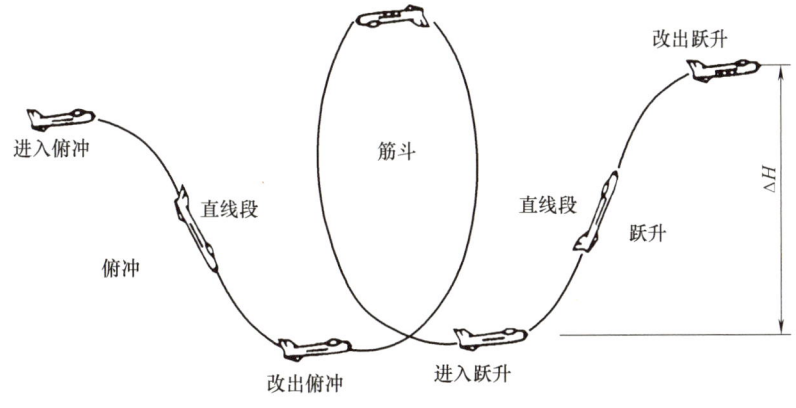

图 4-22　俯冲、筋斗及跃升飞行

3. 筋斗

筋斗是指无人机在垂直平面上进行轨迹近似椭圆形、航向改变 360° 的机动飞行。筋斗飞行由爬升、倒飞、俯冲、平飞等动作组成，是衡量无人机机动性的基本指标之一。完成一个筋斗所需的时间越短，表明无人机的机动性越好。

考题模拟

37.（　　）下发动机处于小油门状态或怠速，甚至关机。
　　A．俯冲状态　　　　B．爬升状态　　　　C．滑翔状态　　　　D．跃升

4.4　固定翼无人机特性

稳定性和操纵性是固定翼无人机的两种重要特性，而这两种特性都与平衡性密切相关。因此，本节将首先介绍平衡性，然后介绍稳定性和操纵性。

4.4.1　固定翼无人机平衡性

平衡性是指作用于无人机上的各力之和为零，并且各力对重心的力矩之和也为零。当无人机处于平衡状态时，其飞行速度的大小和方向都保持不变，也不绕重心发生转动。本节只分析各力矩的平衡。

考题模拟

38. 无人机在空中飞行时，如果其处于平衡状态，则（　　）。
   A. 作用在无人机上的所有外力平衡，所有外力矩也平衡。
   B. 作用在无人机上的所有外力不平衡，所有外力矩平衡。
   C. 作用在无人机上的所有外力平衡，所有外力矩不平衡。
   D. 作用在无人机上的所有外力不平衡，所有外力矩也不平衡。

1. 俯仰平衡

俯仰平衡（也称纵向平衡）是指固定翼无人机在做等速直线运动时，不绕横轴（Oz）转动的状态。当固定翼无人机处于俯仰平衡时，作用于无人机的各俯仰力矩之和为零，同时迎角保持不变。俯仰力矩主要包括三种：机翼产生的俯仰力矩、水平尾翼产生的俯仰力矩及推力产生的俯仰力矩。其中，推力产生的俯仰力矩相对较小，通常可以忽略不计。

（1）机翼产生的俯仰力矩　机翼产生的升力对重心的俯仰力矩的大小最终取决于无人机重心的位置、迎角和无人机构型。在一般情况下，机翼会产生下俯力矩（图4-23），但当重心后移较多且迎角较大时，也可能产生上仰力矩。

（2）水平尾翼产生的俯仰力矩　在正常飞行中，水平尾翼通常产生负升力，因此水平尾翼产生的力矩是上仰力矩（图4-23）。但当迎角较大时，水平尾翼也可能会产生下俯力矩。水平尾翼产生的俯仰力矩主要取决于机翼迎角、升降舵偏角和流向水平尾翼的气流速度。

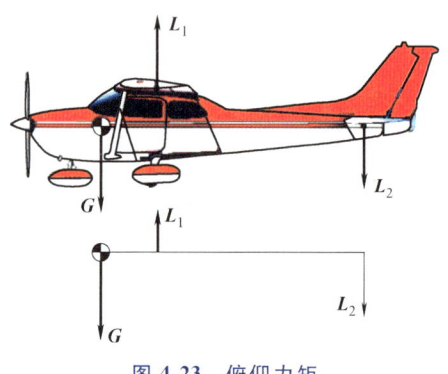

图 4-23　俯仰力矩

在固定翼无人机的飞行过程中，要保持俯仰平衡就必须使下俯力矩等于上仰力矩。但这种平衡会随着固定翼无人机上外力或重心的变化而被破坏。为了恢复俯仰平衡，可以通过固定翼无人机本身的稳定性来实现，或者通过操纵升降舵来调整。具体实现过程将在后续相关内容中详细介绍。

考题模拟

39. 影响无人机俯仰平衡的力矩主要是（　　）。
   A. 机身力矩和机翼力矩　　　　　B. 机翼力矩和垂尾力矩
   C. 机翼力矩和水平尾翼力矩　　　D. 机身力矩和水平尾翼力矩

2. 方向平衡

方向平衡是指固定翼无人机在做等速直线运动时，不绕立轴（Oy）转动的状态。此时，作用于无人机的各偏航力矩之和为零，航向保持不变。偏航力矩主要包括三种：两翼阻力 D 对重心产生的偏航力矩、垂尾侧力 F_z 对重心产生的偏航力矩以及推力 T 产生的偏转力矩（可忽略），如图4-24所示。

机翼因变形导致两侧阻力不同、两侧发动机工作状态不同以及螺旋桨的副作用等都会影响方向平衡。为了保持方向平衡，可利用偏转方向舵产生的方向操纵力矩来平衡偏航力矩。

3. 横向平衡

横向平衡是指固定翼无人机在做等速直线运动时，不绕纵轴（Ox）转动的状态。此时，作用于固定翼无人机的各滚转力矩之和为零，坡度保持不变。滚转力矩主要来源于两翼升力对重心产生的力矩，如图 4-25 所示。

机翼因变形导致两侧升力不同、油门改变和重心移动等会对横向平衡产生影响。为了保持横向平衡，可利用副翼产生的操纵力矩来平衡滚转力矩。

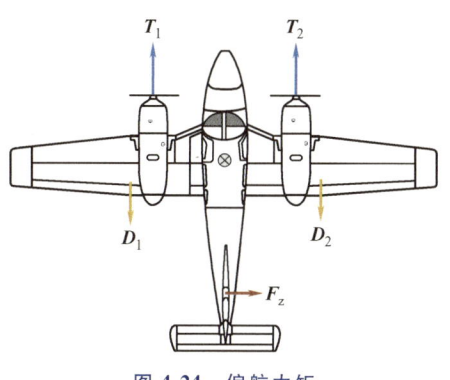

图 4-24 偏航力矩

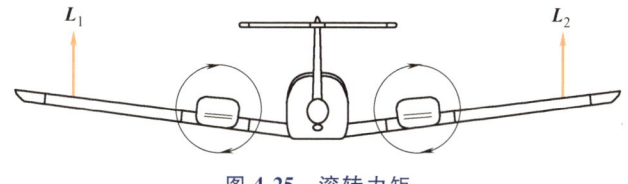

图 4-25 滚转力矩

考题模拟

40. 固定翼无人机横向平衡中的滚转力矩主要包括（　　）。

A. 机翼阻力力矩　　B. 机翼升力力矩　　C. 水平尾翼力矩　　D. 机身力矩

固定翼无人机的横向平衡和方向平衡是相互影响的。如果横向平衡被破坏，通常会引起方向平衡的破坏；反之亦然。因此，这两种平衡不能完全分开，通常把横向平衡和方向平衡统称为侧向平衡。

4.4.2 固定翼无人机稳定性

1. 基本概念

（1）分类　根据物体在受到扰动之后是否具有回到原始状态的能力，可以判定物体有无稳定性。物体在受到扰动之后具有回到原始状态的能力，称为正稳定（正安定）；物体在受到扰动之后有可能回到原始状态的能力，称为稳定（中立安定）；物体在受到扰动之后不具有回到原始状态的能力，称为负稳定（负安定），如图 4-26 所示。

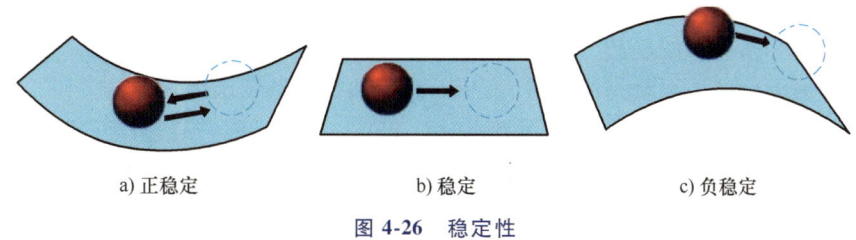

图 4-26 稳定性

固定翼无人机在飞行过程中，经常会受到各种各样的干扰。这些干扰会使固定翼无人机偏离原来的平衡状态。在干扰消失以后，固定翼无人机能自动恢复到原来的平衡状态，取决于其稳定性。

所谓固定翼无人机的稳定性是指固定翼无人机在飞行过程中，因受到某种扰动而偏离原来的平衡状态，在扰动消失后，无须驾驶员操纵，固定翼无人机能自动恢复到原来平衡状态的特性。如果固定翼无人机不能恢复或者更加偏离原来的平衡状态，说明它是不稳定的。

（2）稳定力矩和阻尼力矩

1）稳定力矩是指使物体有回到原平衡位置的趋势，其方向永远指向原平衡位置。例如，图4-26a所示的圆球在偏离平衡位置后，其重力在平行于弧形曲线方向上的分量，对圆球与弧形曲线的接触点（支持点）形成一个力矩。该力矩使圆球具有自动恢复到原来平衡状态的趋势。

2）阻尼力矩是指使物体最终回到原平衡位置的力矩，其方向永远与运动方向相反。例如，图4-26a所示的圆球在偏离平衡位置后，圆球在弧形曲线上运动时的阻力也会对支持点形成一个力矩，起到阻止圆球摆动的作用。在这个力矩的作用下，圆球的摆幅会越来越小，最后停止在原来的平衡位置上。

由此可知，欲使处于平衡状态的物体具有稳定性，必须使其在受到干扰后能够产生稳定力矩和阻尼力矩。对于飞行中的固定翼无人机，因外界瞬间微小扰动而偏离了平衡状态，这时若能产生稳定力矩，就可以使固定翼无人机具有自动恢复到原来平衡状态的趋势，同时又能产生阻尼力矩，那么固定翼无人机就能在无须外界干预的情况下自动恢复到原来的平衡状态，从而具有稳定性。这不仅能保证飞行安全，还能便于操纵。

（3）静稳定性和动稳定性

1）静稳定性是指物体受干扰后能否产生稳定力矩，有无自动回到原平衡状态的趋势。但它并不能说明物体是否最终能恢复到原来的平衡状态。若物体能产生稳定力矩，具有回到原平衡状态的趋势，称为正静稳定性；若不能产生稳定力矩，趋向于偏离原平衡状态，称为负静稳定性。

2）动稳定性是指物体受干扰后能否产生阻尼力矩，有无最终使物体回到原平衡状态的特性。它是研究物体受干扰运动的时间响应历程。若物体能产生阻尼力矩，使物体摆动的振幅逐渐减小，最终恢复原平衡状态，称为正动稳定性；若不能产生阻尼力矩，物体振幅越来越大，越来越偏离原平衡状态，称为负动稳定性。

考题模拟

41. 具有负安定性的无人机，当受到扰动使平衡状态发生改变后，有（　　）。
A. 回到原平衡状态的趋势　　B. 继续偏离原平衡状态的趋势
C. 保持偏离后的平衡状态的趋势　　D. 振动的振幅持续增大

42. 无人机从已建立的平衡状态发生偏离，若（　　），则它表现出正动安定性。
A. 无人机振动的振幅减小使其回到原来的平衡状态
B. 回到原平衡状态的趋势
C. 无人机振动的振幅持续增大　　D. 无人机振动的振幅不增大也不减小

固定翼无人机的正静稳定性和正动稳定性之间有着非常紧密的联系。正静稳定性是正动稳定性的前提。如果固定翼无人机不具有正静稳定性，那么在受干扰后根本没有恢复原平衡状态的倾向，更不要谈如何恢复到原平衡状态了。但只有正静稳定性也不能完全解决问题，即使固定翼无人机具有正静稳定性，在恢复原平衡状态的过程中，也不一定能迅速恢复到原先的飞行状态，而是可能会发生摆动。摆动多少次需要多长时间才能平稳，这就是正动稳定性所研究的问题。摆动次数越少，恢复时间越短，说明正动稳定性越好。一般情况下，只要正静稳定性的大小选择恰当，就能使固定翼无人机具有良好的正动稳定性。

2. 稳定性

根据固定翼无人机绕机体轴的运动形式的不同，可将固定翼无人机飞行时的稳定性分为纵向稳定性、方向稳定性和横向稳定性三种，下面分别进行详细介绍。

（1）纵向稳定性　纵向稳定性是指当固定翼无人机因受到微小扰动而偏离原来的纵向平衡状态（即俯仰方向）后，产生绕横轴的转动，并在扰动消失后，具有自动恢复到原来的纵向平衡状态的特性。

考题模拟

43. 无人机的纵向安定性有利于（　　）。
A. 防止无人机绕立轴偏转过快　　　B. 防止无人机绕纵轴滚转过快
C. 防止无人机抬头过高或低头过低　　D. 无人机恢复原平衡状态

1）俯仰稳定力矩。在飞行过程中，作用于固定翼无人机的俯仰力矩主要包括机翼力矩和水平尾翼力矩。当固定翼无人机的迎角发生变化时，机翼和尾翼上都会产生一定的附加升力。这个附加升力的合力作用点称为固定翼无人机的焦点，如图4-27所示。

当固定翼无人机因受到扰动而机头上仰时，机翼和水平尾翼的迎角增大，产生一个向上的附加升力 ΔL。如果固定翼无人机的重心位于焦点的前面，则此向上的附加升力会对固定翼无人机产生一个下俯的稳定力矩，如图4-27a所示，使固定翼无人机趋向于恢复原来的飞行状态；如果固定翼无人机重心位于焦点的后面，则此向上的附加升力会对固定翼无人机产生一个不稳定力矩，如图4-27b所示，使固定翼无人机进一步偏离原来的飞行状态。反之，当固定翼无人机因受到扰动而机头下俯时，机翼和水平尾翼的迎角减小，情况与迎角增大时相似。

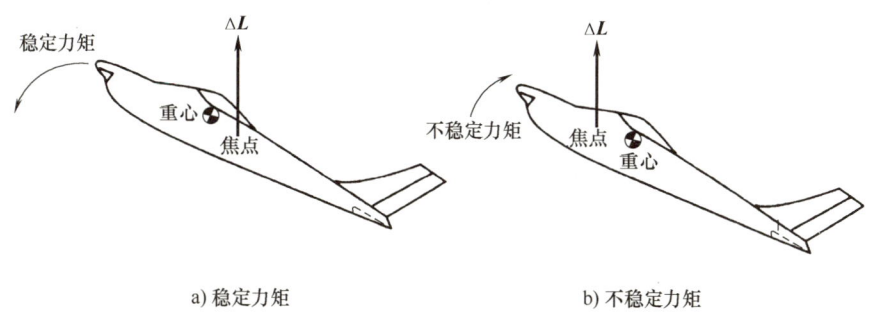

图4-27　俯仰稳定和不稳定力矩

由此可知，只有当固定翼无人机的重心位于焦点前面时，固定翼无人机才具有纵向静稳定性。此外，重心前移可以增加固定翼无人机的纵向静稳定性，但静稳定性并不是越大越好。例如，如果静稳定性过大，升降舵的操纵力矩将难以使固定翼无人机抬头。因此，由于重心前移使稳定性过大，会导致固定翼无人机的操纵性变差。

考题模拟

44. 当无人机因受微小扰动而偏离原来纵向平衡状态（俯仰方向），并在扰动消失以后，能自动恢复到原来纵向平衡状态的特性，称为无人机的纵向稳定性。下列说法错误的是（　　）。
   A. 当无人机受扰动而机头下俯时，机翼和水平尾翼的迎角减小，会产生向上的附加升力
   B. 无人机的重心位于焦点之后，则其是纵向不稳定的
   C. 当重心位置后移时，将削弱飞机的纵向稳定性
   D. 焦点在重心之后，重心前移使稳定性过大，操纵性变差

2）俯仰阻尼力矩。固定翼无人机的俯仰阻尼力矩主要由水平尾翼产生。当固定翼无人机因受到扰动而机头上仰时，水平尾翼向下运动。这时就有一个向上的相对气流流向尾翼，从而产生一个阻止水平尾翼向下运动的力 ΔF_H。这个力对重心形成的力矩就是俯仰阻尼力矩，如图 4-28 所示。俯仰阻尼力矩是用来阻止固定翼无人机在恢复俯仰平衡过程中绕横轴往复摆动，使固定翼无人机具有纵向动稳定性。

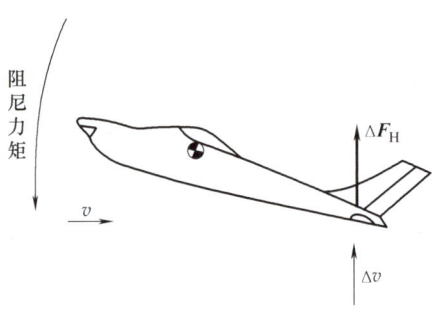

图 4-28　俯仰阻尼力矩

考题模拟

45. （　　），肯定会增加无人机的纵向稳定性。
   A. 增加机翼面积　　　　　　B. 增加垂直尾翼面积
   C. 增加水平尾翼面积　　　　D. 选用腹鳍

（2）方向稳定性　方向稳定性是指当固定翼无人机受到扰动，导致方向平衡遭到破坏并产生绕立轴的转动时，在扰动消失后，具有自动恢复到原来平衡状态的能力。

考题模拟

46. 无人机方向稳定性是指无人机受到侧风扰动后（　　）。
   A. 产生绕立轴转动，扰动消失后转角自动回到零
   B. 产生绕立轴转动，扰动消失后自动恢复原飞行姿态
   C. 产生绕横轴转动，扰动消失后转角自动回到零
   D. 产生绕纵轴转动，扰动消失后转角自动回到零

1）方向稳定力矩。在飞行过程中，当固定翼无人机因受微小扰动而使机头向右偏转时，出现左侧滑。此时，空气从固定翼无人机的左前方吹来，作用在垂直尾翼上，产生一个向右的附加侧向力 Δz。此力对固定翼无人机的重心形成一个力矩，该力矩试图使机头向左偏转，以消除侧滑，从而使固定翼无人机趋向于恢复方向平衡状态的力矩。此力矩就是方向稳定力矩，如图4-29所示。

相反，当固定翼无人机出现右侧滑时，就会形成一个使固定翼无人机向左偏转的方向稳定力矩。

由此可见，只要存在侧滑，固定翼无人机就会产生方向稳定力矩，并使其具有自动消除侧滑恢复到原来平衡状态的能力。

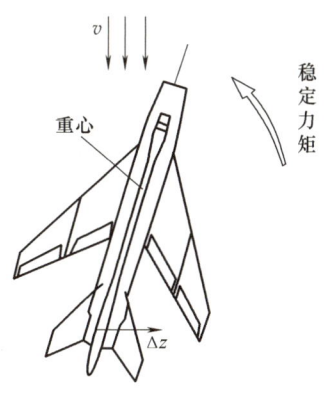

图4-29　方向稳定力矩

一般情况下，垂直尾翼面积越大，方向稳定力矩越大。有些固定翼无人机在机身上设计有背鳍和腹鳍，或是采用双立尾结构，这相当于增大了垂直尾翼的有效面积，从而增强了方向稳定性。此外，机翼的上反角和后掠角也能为固定翼产生方向稳定力矩。

2）方向阻尼力矩。当固定翼无人机因受微小扰动而使机头向右偏转时，垂直尾翼向左运动，就会产生一个向右的相对气流，从而在垂直尾翼上产生一个向右的附加侧向力。此力对重心形成一个力矩（图4-30），其作用是阻止机头继续向右偏转，从而使方向摆动逐渐减弱；反之亦然。此外，机身、背鳍、腹鳍等部位也可以产生方向阻尼力矩，但因为这些部位产生的方向阻尼力矩比垂直尾翼所产生的方向阻尼力矩要小得多，所以可以忽略不计。因此，固定翼无人机的方向阻尼力矩主要是由垂直尾翼产生。

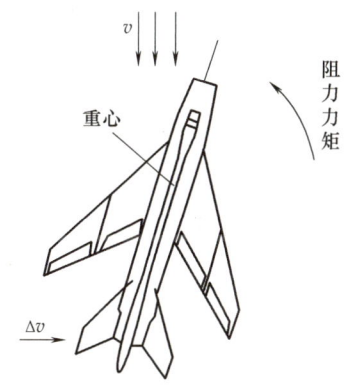

图4-30　方向阻尼力矩

47. 影响无人机方向稳定力矩的因素主要是（　　）。
　　A. 重心位置和飞行 M 数　　　　　B. 焦点位置和飞行高度
　　C. 迎角、机身和垂尾面积　　　　D. 迎角、机身和水平尾翼

48. 方向阻尼力矩主要由（　　）产生。
　　A. 水平尾翼　　　B. 垂直尾翼　　　C. 机身　　　D. 机翼

（3）横向稳定性　横向稳定性是指固定翼无人机在受到扰动后，横向平衡状态遭到破坏并产生围绕纵轴的转动，在扰动消失后，具有自动恢复到原来的横向平衡状态的能力。

1）横向稳定力矩。在飞行过程中，固定翼无人机的横向稳定力矩主要由机翼的上反角、机翼的后掠角和垂直尾翼产生。

当固定翼无人机在平飞中因受小扰动而发生右倾斜时，由于上反角和后掠角作用，右翼升力 L_1 增大，左翼升力 L_2 减小。左、右机翼升力之差形成的滚动力矩，会使固定翼无人机自动恢复到原来的横向平衡状态。这个力矩就是固定翼无人机横向稳定力矩，如图4-31

所示。同时，垂直尾翼上产生的附加侧力（Δz）的作用点高于固定翼无人机重心一段距离 l，此力对固定翼无人机重心形成的力矩也是横向稳定力矩，如图 4-32 所示。它试图消除倾斜和侧滑，使固定翼无人机恢复到横向平衡状态；反之亦然。

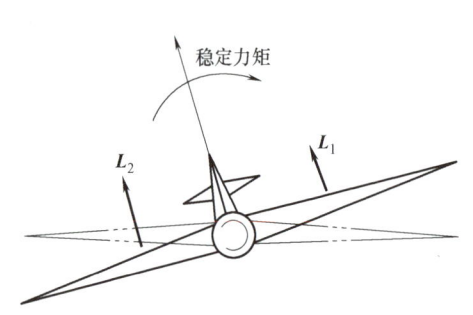

图 4-31　机翼上反角和后掠角产生横侧向稳定性

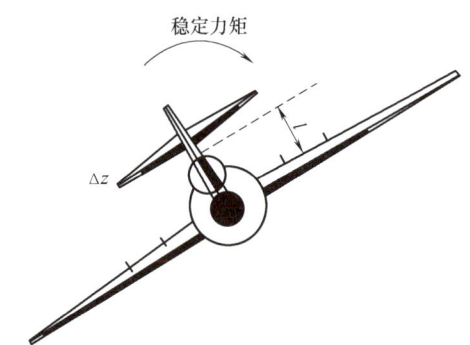

图 4-32　垂直尾翼产生的横向稳定力矩

2）横向阻尼力矩。在飞行过程中，当固定翼无人机因受到小扰动而发生左倾斜时，左机翼向下运动，产生向上的相对气流，从而产生向上的附加力；右机翼向上运动，产生向下的相对气流，从而产生向下的附加力。这两个附加力形成横向阻尼力矩（图 4-33），其作用是阻止固定翼无人机左滚转，使滚转振幅逐渐减小，直至恢复到原来的平衡状态。

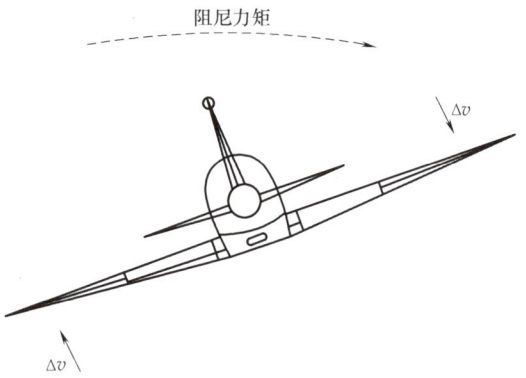

图 4-33　机翼产生的横向阻尼力矩

考题模拟

49. 具有上反角和后掠角的无人机发生侧滑角时，会产生（　　）力矩。
    A. 滚转和航向　　B. 俯仰和航向　　C. 滚转和俯仰　　D. 不产生

50. 横向阻尼力矩主要由（　　）产生。
    A. 水平尾翼　　B. 垂直尾翼　　C. 机身　　D. 机翼

通过上述分析可知，固定翼无人机的横向稳定性与方向稳定性都是在固定翼无人机出现侧滑的情况下，通过垂直尾翼、机翼上反角、机翼后掠角等因素产生恢复力矩。因此，两者之间紧密联系且互相影响，一般把它们统称为侧向稳定性。只有当横向稳定性和方向稳定性搭配适当，固定翼无人机才能具有良好的横向和方向动稳定性。

在不稳定气流中飞行时，固定翼无人机经常会遇到各种干扰，往往是前一个干扰尚未平息，新的干扰又接踵而至。虽然固定翼无人机具有稳定性，能够抵抗外界干扰，但为了保证其稳定飞行，不能单纯依赖固定翼无人机自身的稳定性。驾驶员也必须积极地实施操纵，并及时进行修正。因此，固定翼无人机的稳定性与其操纵性密切相关，二者需要协调统一。一般而言稳定性较好的固定翼无人机，其操纵往往不够灵敏；操纵灵敏的固定翼无人机，则往往不太稳定。通常情况下，军用歼击机需要较高的操纵灵敏性，而民用客机则更注重较高的

第4章 固定翼无人机的飞行性能及其特性

稳定性。因此,稳定性与操纵性应综合考虑,以实现最佳的固定翼无人机性能。

4.4.3 固定翼无人机操纵性

固定翼无人机操纵性

固定翼无人机的操纵性又称固定翼无人机的操纵品质,是指在飞行控制系统发出操纵指令后,通过操纵伺服系统控制各种舵面机构,从而改变无人机飞行状态的特性。固定翼无人机的主要舵面包括升降舵、方向舵和副翼。通过操纵这三个舵面,使固定翼无人机产生相应的操纵力矩,使其绕纵轴、横轴和立轴转动,以改变飞行姿态。

固定翼无人机的操纵性主要分为纵向操纵性、横向操纵性和方向操纵性这三种。

1. 纵向操纵性

在飞行过程中,通过操纵水平尾翼上的升降舵,固定翼无人机可以绕横轴转动,产生俯仰运动。以手动控制无人机为例,当驾驶员向后拉动遥控器右杆(美国手为例),飞控系统会控制升降舵向上偏转。这时,水平尾翼上会产生一个向下的附加力,形成使固定翼无人机抬头的力矩,使机头上仰,迎角增大;反之,当驾驶员向前推动遥控器右杆时,升降舵会向下偏转,使机头下俯,迎角减小,如图4-34所示。

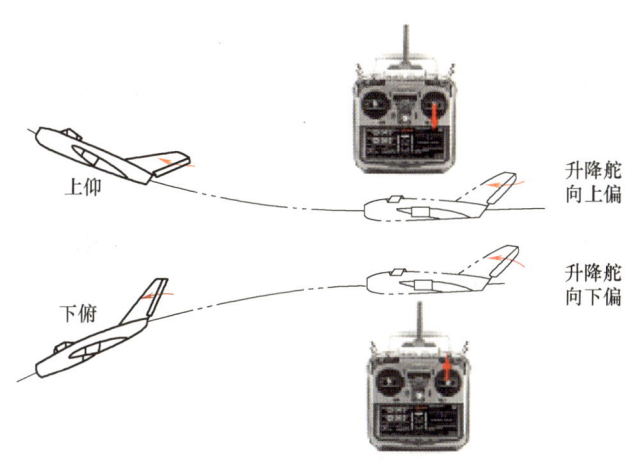

图4-34 固定翼无人机纵向操纵性原理

考题模拟

51. 无人机驾驶员操纵升降舵时,无人机将绕( )。
   A. 横轴做俯仰运动 B. 纵轴做滚转运动
   C. 立轴做偏转运动 D. 横轴做滚转运动

52. 无人机驾驶员向前推杆,无人机的迎角( )。
   A. 增大 B. 减小 C. 先减小后增大 D. 先增大后减小

2. 横向操纵性

在飞行过程中,通过操纵副翼,固定翼无人机可绕纵轴转动,做滚转运动。以手动控制无人机为例,当驾驶员向左推遥控器右杆(美国手为例),左副翼向上偏转,右副翼向下偏转。这时，左机翼的升力减小，右机翼的升力增大，从而产生一个使无人机向左滚转的滚动力矩，使固定翼无人机向左倾斜，如图 4-35 所示。相反，当驾驶员向右推动遥控器右杆时，右副翼向上偏转，左副翼向下偏转，产生一个使无人机向右滚转的滚动力矩，使固定翼无人机向右倾斜。

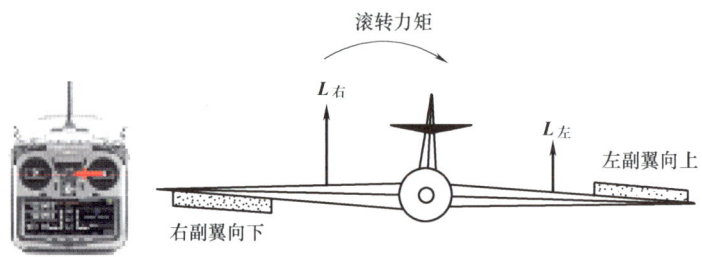

图 4-35　固定翼无人机横向操纵原理图

考题模拟

53. 无人机驾驶员操纵副翼时，无人机将绕（　　）。
A. 横轴做俯仰运动　　　　B. 纵轴做滚转运动
C. 立轴做偏转运动　　　　D. 横轴做滚转运动

3. 方向操纵性

在飞行过程中，通过操纵垂直尾翼上的方向舵，固定翼无人机可绕立轴转动，产生偏航运动。以手动控制无人机为例，当驾驶员向左推遥控器左杆（美国手为例），方向舵向左偏转，在垂直尾翼上产生一个向右的附加力。此力使固定翼无人机产生一个向左的偏航力矩，使机头向左偏转，如图 4-36 所示。相反，当驾驶员向右推动遥控器左杆时，方向舵向右偏转，从而使固定翼无人机产生一个向右的偏航力矩，使机头向右偏转。

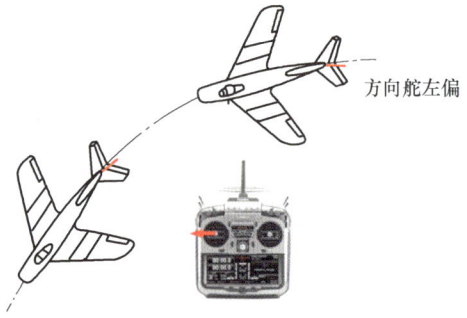

图 4-36　固定翼无人机方向操纵动作原理

考题模拟

54. 无人机驾驶员操纵方向舵时，无人机将绕（　　）。
A. 横轴做俯仰运动　　　　B. 纵轴做滚转运动
C. 立轴做偏转运动　　　　D. 横轴做滚转运动

实际上，固定翼无人机的横向操纵性和方向操纵性密切相关，这与稳定性的情况类似。例如，要使固定翼无人机转弯，飞行控制系统不仅要操纵方向舵以改变固定翼无人机的航向，还要操纵副翼使固定翼无人机向转弯一侧倾斜，即固定翼无人机的横向操纵和方向操纵必须密切配合，才能顺利完成转弯动作。

第4章 固定翼无人机的飞行性能及其特性

思考题

1. 固定翼无人机在飞行过程重受到哪些作用力？
2. 固定翼无人机增升装置有哪些？请简述它们的增升原理。
3. 什么是无人机的重心和焦点？
4. 无人机绕机体坐标轴的运动有哪些？姿态角有哪些？
5. 固定翼无人机的平飞性能参数有哪些？
6. 影响固定翼无人机俯仰平衡的因素有哪些？
7. 俯仰稳定力矩、方向稳定力矩、横向稳定力矩、阻尼力矩分别是什么？
8. 简述固定翼无人机横向稳定性与方向稳定性之间的关系。
9. 简述实现无人机俯仰、方向和横向操纵的过程。
10. 简述固定翼无人机稳定性与操纵性之间的关系。

考题模拟答案

1. A 2. C 3. C 4. B 5. C 6. B 7. A 8. C 9. C 10. C 11. C 12. D 13. B
14. A 15. B 16. B 17. B 18. C 19. D 20. A 21. A 22. C 23. A 24. B 25. C 26. B
27. C 28. A 29. A 30. C 31. C 32. A 33. A 34. C 35. C 36. C 37. C 38. A 39. C
40. B 41. B 42. A 43. C 44. A 45. C 46. B 47. C 48. C 49. A 50. D 51. A 52. B
53. B 54. C

第5章 无人直升机的飞行性能及其特性

本章知识点思维导图

学习目标

1. 素养目标

1）具有深厚的爱国情怀和航空报国的情怀。
2）具有刻苦钻研精神和创新精神。
3）崇尚科学、勇于探索。
4）勇于奋斗、乐观向上。

2. 能力目标

1) 具有分析问题和解决问题的能力。
2) 具有探究学习和终身学习的能力。
3) 具有良好的语言表达和沟通能力。
4) 能操控无人直升机飞行。
5) 能分析无人直升机飞行性能。
6) 能分析无人直升机平衡性、稳定性及操纵性。

3. 知识目标

1) 了解桨叶平面形状及剖面形状。
2) 掌握桨叶角、来流角、迎角等几何参数。
3) 了解桨毂种类及其各自优缺点。
4) 了解旋翼的空气动力特性和升力特性。
5) 掌握挥舞铰、摆振铰和周期变距铰所做运动。
6) 了解自动倾斜器组成。
7) 掌握自动倾斜器工作原理。
8) 了解主旋翼上升力的产生原因。
9) 了解垂直飞行、平飞、斜向爬升、自转及地面效应的产生条件。
10) 熟悉上升率、悬停升限和上升时间的含义。
11) 掌握垂直飞行、平飞、斜向爬升、自转及地面效应的性能参数。
12) 掌握无人直升机的平衡性、稳定性和操纵性。

知识引入

从对大自然中蜻蜓飞舞的观察中获得启发，早在公元前500年，我们祖先就制成了竹蜻蜓。竹蜻蜓由竹柄和竹片（"翅膀"）两部分组成，如图5-1所示。玩耍时，双手一搓，然后手一松，竹蜻蜓就会飞上天空，在空中旋转一会儿后才会落下来。在制作和玩耍竹蜻蜓的过程中，我们可以领略到我国古老儿童玩具的趣味和科学技术的奥妙。

17世纪，我国苏州巧匠徐正明对竹蜻蜓进行深入研究，想制造一架类似蜻蜓的直升机，并希望把人带上天空。经过10多年的钻研，他造出了一架带有类似竹蜻蜓螺旋桨的直升机，驾驶座像一把圈椅，通过脚踏板带动转动机构使螺旋桨旋转。试飞时，这架直升机居然飞离地面一尺多高，还飞过了一条小河沟，然后平稳降落。18世纪，竹蜻蜓传到欧洲，英国"航空之父"乔治·凯利对竹蜻蜓十分痴迷，他的第一项航空研究就是仿制和改进竹蜻蜓，并由此悟出螺旋桨的一些工作原理。他的研究推动了飞机研制的进程，并为西方设计师带来了研制直升机的灵感。直至20世纪30年代，德国人根据"中国螺旋"的形状和原理发明了直升机的旋翼。因此，许多人认为，我国的竹蜻蜓就

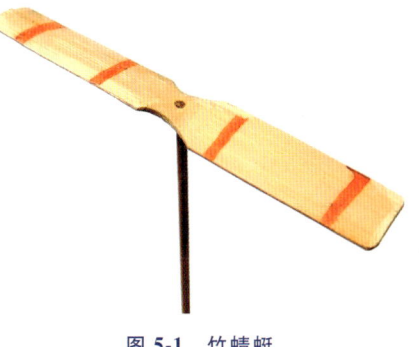

图 5-1　竹蜻蜓

是现代直升机的雏形。

作为炎黄子孙,我们除了为我们祖先的发明创造感到骄傲和自豪,更应该不忘初心、牢记使命,刻苦学习、顽强拼搏,时刻准备着为中华民族的伟大复兴而努力奋斗。

无人直升机主要由主旋翼、尾桨、起落架、机身等组成,如图 5-2 所示。与固定翼无人机不同,无人直升机的升力主要由主旋翼产生。实际上,无人直升机的主旋翼可以视为一种旋转的"机翼",因此无人直升机的升力主要来源于主旋翼的旋转。

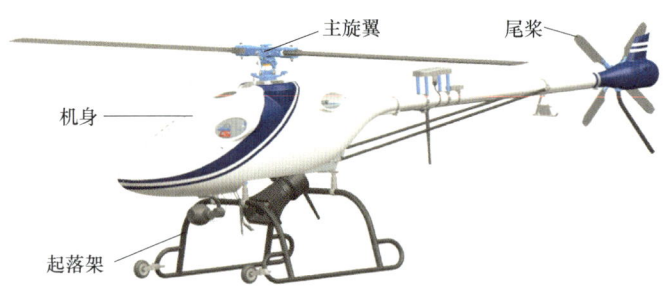

图 5-2 无人直升机的组成

5.1 无人直升机主旋翼

5.1.1 无人直升机主旋翼结构

主旋翼主要由桨叶、桨毂和自动倾斜器组成,如图 5-3 所示。

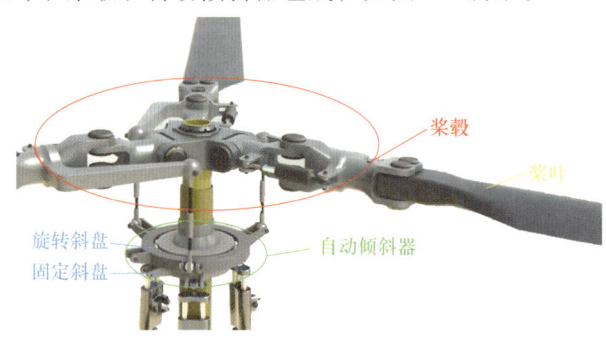

图 5-3 主旋翼的结构

1. 桨叶

无人直升机的升力主要由桨叶产生,而桨叶的几何形状是影响其升力的主要因素之一。桨叶几何形状主要分为平面形状和剖面形状。

(1) 平面形状　平面形状是指桨叶在水平面内的投影形状,常见有矩形、梯形、混合梯形,如图 5-4 所示。无人直升机一般采用矩形和混合梯形桨叶。虽然矩形桨叶的空气动力特性没有梯形桨叶的好,但它制造工艺简单,因此得到较广泛的应用。

另外,桨叶桨尖形状对桨叶的空气动力特性有着非常大的影响。为了适应高速飞行,常

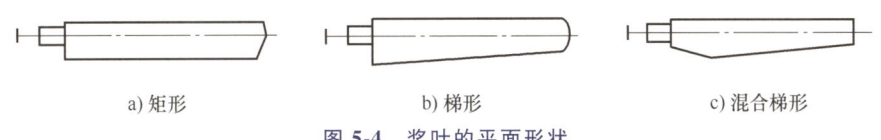

a) 矩形　　　　　b) 梯形　　　　　c) 混合梯形

图 5-4　桨叶的平面形状

采用桨尖后掠设计。目前,桨尖后掠形状主要有削尖后掠、双曲线后掠和抛物线后掠等,如图 5-5 所示。

（2）剖面形状　剖面形状是指桨叶横剖面形状,通常称为翼型,如图 5-6 所示。常用的翼型主要有平凸型、对称型和双凸型,如图 4-7 所示。

a) 削尖后掠　　b) 双曲线后掠　　c) 抛物线后掠

图 5-5　桨尖后掠形状　　　　　　　　图 5-6　翼型

（3）基本参数　这里主要介绍桨叶翼型特有的参数,与机翼翼型相同的参数此处不再赘述。

1）旋转平面是指桨叶旋转时桨尖形成的平面,如图 5-7 所示。

2）桨叶角（φ）是指桨叶翼弦与旋转平面之间的夹角,也称变距角或安装角或桨距,如图 5-7 所示。

3）来流角（θ）是指相对气流与旋转平面之间的夹角,如图 5-7 所示。

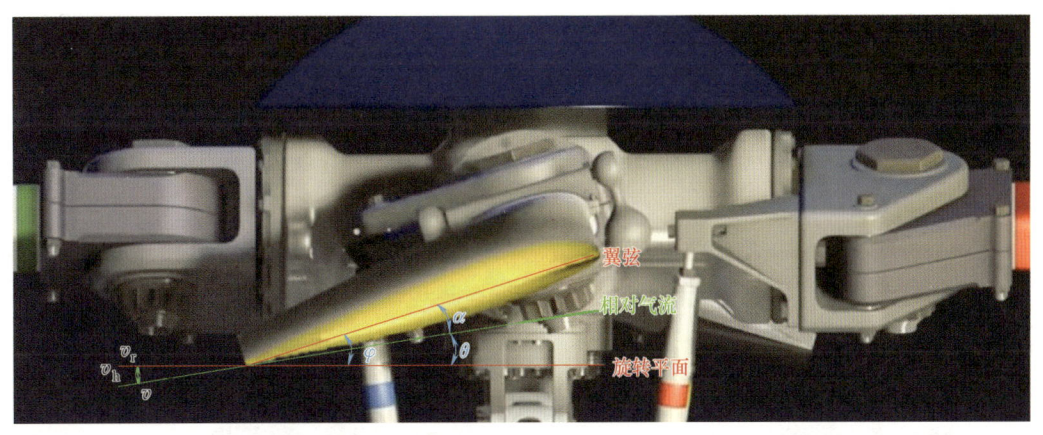

图 5-7　基本参数

4）迎角（α）是指桨叶翼弦与相对气流之间的夹角,如图 5-7 所示。由图 5-7 可知,迎角 $\alpha=\varphi-\theta$,其中 φ 为桨距,θ 为来流角。当桨距 φ 保持不变时,来流角 θ 越小,迎角 α 越大。具体来说,当 $\theta>0$ 时,$\alpha<\varphi$；当 $\theta=0$ 时,$\alpha=\varphi$；当 $\theta<0$ 时,$\alpha>\varphi$,如图 5-8 所示。若来流角保持不变,可以通过增大桨距来增大迎角。因为迎角越大,升力越大,所以通过增大桨距或减小来流角都可以增大升力,这也是直升机增大升力的主要途径。

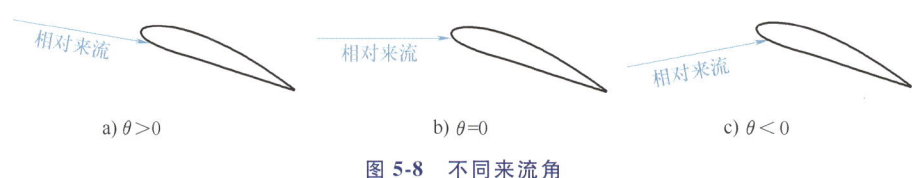

图 5-8 不同来流角

5）相对气流（v）是水平气流 v_r 和垂向气流 v_h 的合成。水平气流源于桨叶旋转和直升机水平运动与空气产生的相对运动；垂向气流源于诱导入流和直升机垂向运动与空气产生的相对运动。当无人直升机悬停或前飞时，垂向气流 v_h 主要由诱导入流构成。当桨距 φ 保持不变时，诱导入流越小，迎角越大，升力也越大，如图 5-9 所示。

图 5-9 诱导入流不同

考题模拟

1. 以下关于桨叶的剖面形状说法错误的是（　　）。

A. 桨叶的剖面形状称为桨叶翼型

B. 桨叶翼型常见的有平凸型、双凸型和非对称型

C. 一般用相对厚度、最大厚度位置、相对弯度、最大弯度位置等参数来说明桨叶翼型

D. 桨叶翼型特有的参数主要有桨叶角（也称变距角、安装角或桨距）和来流角

2. 桨毂

旋翼桨毂是用来向旋翼桨叶传递主减速器的旋转力矩，同时承受旋翼桨叶产生的空气动力，并将旋翼的气动合力传给机身。到目前为止，已在实践中应用的主旋翼桨毂主要有全铰接式、半刚性式和刚性式。

（1）全铰接式　全铰接桨毂包含三个或更多个旋翼桨叶，每片旋翼桨叶都设有挥舞铰、摆振铰和周期变距铰。挥舞铰允许桨叶进行上下挥舞运动，如图 5-10 所示；摆振铰允许桨

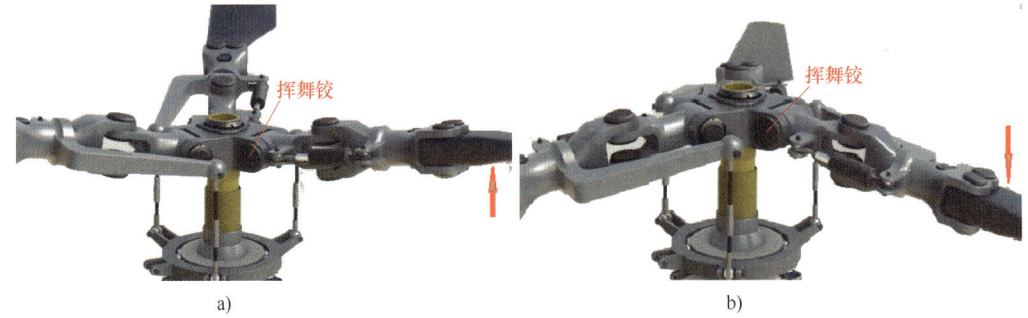

图 5-10 挥舞铰及挥舞运动

叶在桨盘平面内进行独立的前后摆振运动,如图 5-11 所示;变距铰允许桨叶在桨盘平面内进行变距运动,变距就是改变桨叶的桨距,如图 5-12 所示。目前,全铰接式主旋翼桨毂主要应用在中型到重型直升机上。

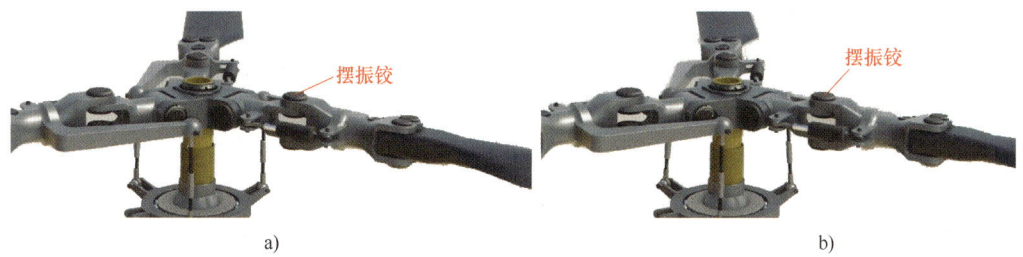

图 5-11　摆振铰及摆振运动

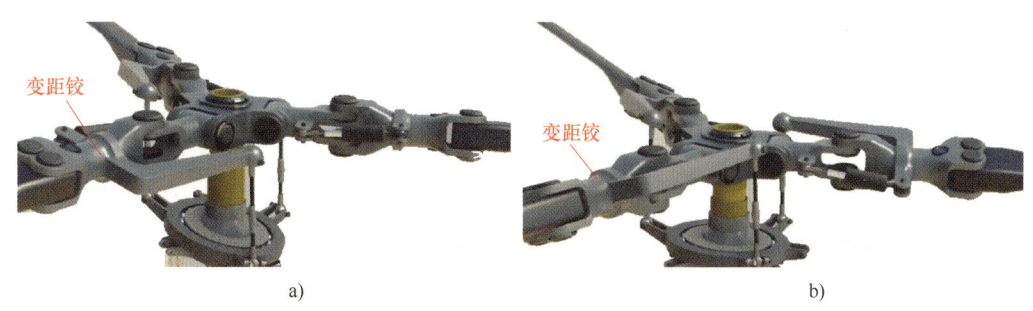

图 5-12　变距铰及变距运动

考题模拟

2. 挥舞运动是指(　　)。
A. 桨叶绕水平铰可以上下活动　　　　B. 桨叶绕垂直铰的前后活动
C. 桨叶绕轴向铰的转动　　　　　　　D. 桨叶绕垂直铰的上下活动

1) 全铰接桨毂优点。
① 采用挥舞铰可使主旋翼倾斜而无须使旋翼主轴发生倾斜。
② 挥舞铰和摆振铰可以释放旋翼安装处的弯曲应力和载荷。
③ 挥舞铰可以减少因阵风而引起的反应,通过单独的桨叶挥舞,不会将影响传递到机身。
④ 挥舞铰和摆振铰提高了直升机的稳定性,尤其在中速到高速前飞过程中。
2) 全铰接桨毂缺点。
① 挥舞铰轴承和轴向关节轴承受很大的载荷,尤其是沿翼展方向的离心力。如果这些载荷得不到足够的润滑,就会加速铰接轴承的磨损和失效。
② 单独的桨叶挥舞会产生科里奥利效应,因此需要设置摆振铰。
③ 需要减摆器来控制旋翼的摆振速率,否则直升机可能会不稳定。如果减摆器的工作时间不一致,超出规定范围,还会增加直升机的水平振动。
④ 允许旋翼下摆,就需要设置下垂止动块,以防止旋翼伤及人员和机身。
(2) 半刚性式　半刚性桨毂有几种不同的设计,其中最普遍的是跷跷板式,其主旋翼

桨毂包含挥舞铰和变距铰，如图 5-13 所示。跷跷板式通常只应用于两桨叶的直升机。

半刚性桨毂通常安装平衡棒，平衡棒与桨叶成 90°角，两端装有配重，以仪器中心为支点自由摆动，如图 5-14 所示。它的主要作用是为桨毂提供内在的稳定性了。

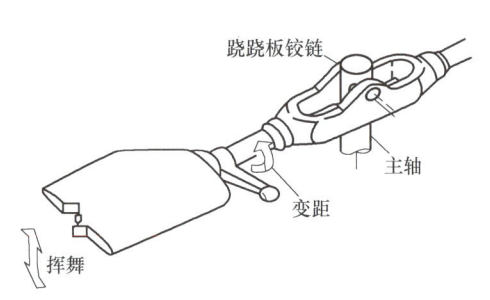

图 5-13　跷跷板式

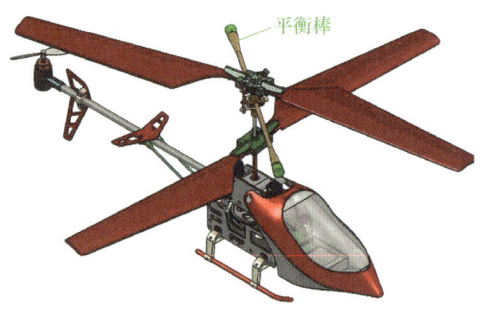

图 5-14　平衡棒

1）半刚性桨毂优点。

① 由于取消了单独的挥舞铰和摆振铰，结构得以简化，也减少了故障的发生，尤其减少了类似全铰接式主旋翼桨毂产生的振动。

② 由于设计的简化，维护工作也随之简化，因此节省了时间和节约了成本。

③ 旋翼固定在主旋翼桨毂上，因此无须额外的刚性来应对离心力。

④ 由于减少了部件，因此减轻了重量，减小了阻力。

2）半刚性桨毂缺点。

① 由于单独桨叶挥舞受到限制，阵风会引起直升机的不稳定。

② 由于缺少挥舞铰和摆振铰，旋翼根部会承受更大的弯曲应力。因此，桨叶必须有足够的强度来承受这种应力，这可能导致重量增加。

③ 跷跷板式桨毂需要采用悬挂式设计，以减小科里奥利效应的影响。

（3）刚性式　刚性桨毂也称无铰式桨毂，取消了上述所有的铰。除了周期变距，这种桨毂不再为桨叶提供挥舞和摆振动作。这种设计使操纵反应非常迅速，通常只应用于小型直升机上。

1）刚性桨毂优点。

① 设计简单，减少了故障的发生，同时也减少了维护工作量。

② 在相同尺寸下，刚性主旋翼桨毂的横截面积比其他两种桨毂要小，因此阻力也随之减小。

③ 操纵反应既快速又准确。

2）刚性桨毂缺点。

① 需要更复杂的操纵系统来保证直升机的稳定性，尤其在前飞时，旋翼不能通过挥舞产生平衡的升力，而只能依靠桨叶的扭转来实现。

② 桨叶的设计必须有足够的强度来承受各种状态下所产生的载荷。

③ 刚性桨毂非常容易受阵风或侧风的影响。

目前，应用最多的桨毂是全铰接式和半刚性式。但随着弹性材料部件的广泛应用，桨毂的分类已经不再那么明显。

第5章 无人直升机的飞行性能及其特性

> **考题模拟**

3. 下列关于旋翼桨毂的说法正确的是（　　）。
 A. 桨毂在承受由桨叶传来的很大离心力的同时，在挥舞面及摆振面都要承受较小的交变载荷
 B. 桨毂的各个铰都必须带有轴承，轴承的工作条件良好
 C. 桨毂将传递和承受旋翼的升力、离心力及挥舞、摆振、变距的交变力矩
 D. 桨毂将只承受挥舞、摆振、变距的交变力矩

3. 自动倾斜器

自动倾斜器又称斜盘（俗称十字盘），用来改变旋翼桨叶的桨距。自动倾斜器主要由固定斜盘和旋转斜盘组成，如图5-3所示。

（1）固定斜盘　固定斜盘不会随着主旋翼传动轴旋转，但可以沿着主旋翼传动轴上下自由滑动（图5-15b），并能做倾斜运动（图5-15c）。

a) 初始位置

b) 向上运动

c) 倾斜运动

图 5-15　斜盘运动

（2）旋转斜盘　旋转斜盘不仅会随着主旋翼传动轴旋转，还会随着固定斜盘沿着主旋翼传动轴上下自由滑动（图5-15b），并能做倾斜运动（图5-15c）。

（3）工作原理　当无人直升机飞控系统发出指令，使自动倾斜器整体向上移动时，所有桨叶的桨距会同时增大，并且增大值相等，如图5-15b所示。这种控制方式称为总距控制，用来调节旋翼升力的大小。

当飞控系统发出指令，使自动倾斜器的固定斜盘向某一方向倾斜时，旋转斜盘也向同一方向倾斜。此时，这个方向桨叶的桨距变小，而其他方向的桨距变大。因为旋转斜盘与桨叶同步旋转，所以这种桨距变化是周期性的，称为周期变距控制，用来调节旋翼升力的倾斜方向。

5.1.2　无人直升机主旋翼上升力的产生

当主旋翼旋转时，每片桨叶都会产生升力，这些升力的合力就是直升机的升力。但由于相对气流速度沿着桨叶的根部到桨尖是逐渐增大的，根据升力公式可知，桨叶上的升力从桨根到桨尖也是逐渐增大的，如图5-16所示。为了使桨叶的升力分布更加均匀，通常把桨叶设计成锥形，并设置下洗角（即桨距从桨根到桨尖逐渐减小）。

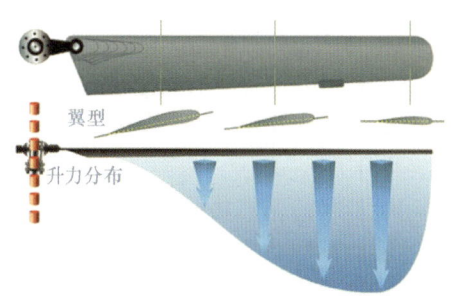

图 5-16　桨叶的升力分布

另外，当旋翼高速旋转时，桨叶形成的桨盘中，桨尖的线速度最大，升力也最大。在离心力的共同作用下，桨尖部分会向上翘起，导致桨盘不是一个扁平的圆盘，而是一个倒圆锥体，如图 5-17 所示。

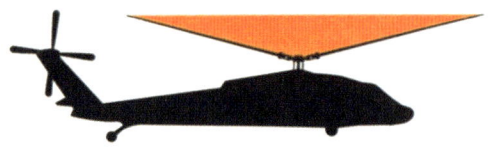

图 5-17　桨盘形状

考题模拟

4. 悬停状态下，旋翼形成（　　）。
   A. 正锥体　　　B. 平面　　　C. 倒锥体　　　D. 圆平面

5.2　无人直升机飞行性能

与固定翼无人机相比，无人直升机具有垂直起降、水平前进和后退、垂直上升和下降以及侧飞的特点。另外，无人直升机的发动机主要用于驱动旋翼转轴的转动，而不提供推力。推力由旋翼升力的分量 L_x 提供，如图 5-18 所示。因此，无人直升机主要受到升力、阻力和重力的作用。因此，本节主要介绍无人直升机的垂直飞行性能、水平飞行性能、上升飞行性能以及特殊飞行性能。

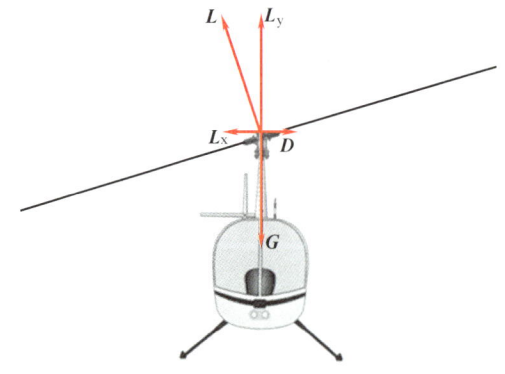

图 5-18　无人机直升机受力分析

考题模拟

5. 下面关于旋翼的说法错误的是（　　）。
   A. 本质上讲旋翼是一个能量转换部件，它把发动机通过旋翼轴传来的旋转动能转换成旋翼升力
   B. 旋翼的基本功能是产生升力
   C. 旋翼的基本功能是产生前进推力
   D. 推力由旋翼的升力分量提供

5.2.1 无人直升机垂直飞行

垂直飞行包括垂直上升和垂直下降。当无人直升机的转速及桨距增大时，旋翼的总升力会增大。当总升力大于或等于无人直升机的重力时，无人直升机将垂直上升；相反，当无人直升机的转速和桨距减小时，旋翼的总升力会减小。当总升力小于无人直升机的重力时，无人直升机将垂直下降。

垂直飞行的性质主要包括上升率、悬停升限和垂直上升时间。

1. 上升率

上升率也称上升速度，是指无人直升机在无加速状态下，单位时间内上升的垂直距离（即垂直上升速度）。

2. 悬停升限

悬停升限是指无人直升机垂直上升速度为零时的极限高度，即最大悬停高度，如图 5-19 所示。不过，这是理论值，实际中是达不到的。通常把垂直速度 $v_h = 0.5 \text{m/s}$ 所对应的高度，称为实用悬停升限，如图 5-19 所示。

3. 垂直上升时间

垂直上升时间是无人直升机垂直上升到某一高度所需要的时间。由图 5-19 可知，随着高度增加，上升率逐渐减小。如果要到达理论升限，需要花费无限长的时间，但实际上这是不可能实现的。

图 5-19 垂直上升率和时间与高度曲线

5.2.2 无人直升机平飞

无人直升机的水平直线飞行简称平飞。这是无人直升机最基本的飞行状态。

1. 条件

在平飞过程中，作用于无人直升机上的力主要有升力 L、重力 G、尾桨拉力 T 和空气阻力 D，如图 5-20 所示。为了保持高度和速度不变，作用于无人直升机上的这些力必须达到平衡，并且合力矩为零。

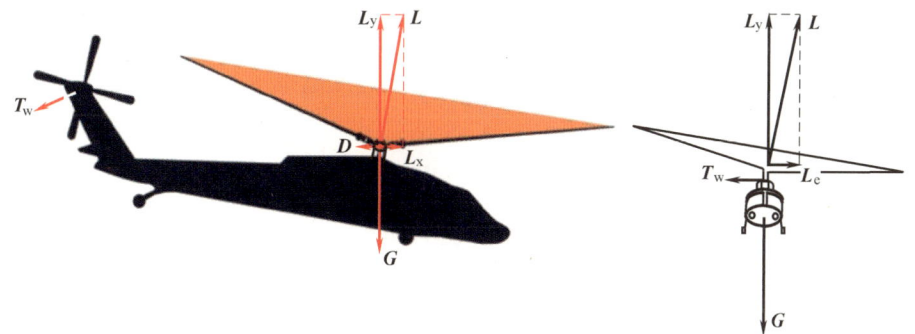

图 5-20 平飞时无人直升机的受力

保持无人直升机等速直线平飞的力的平衡条件如下：

1）为保持高度不变，旋翼升力沿垂直方向的分量 L_y 应等于重力 G。
2）为保持飞行速度不变，旋翼升力沿水平方向的分量 L_x 应等于空气阻力 D。
3）为保持无侧滑，旋翼升力侧向分量 L_c 应等于尾桨拉力 T_w；
此外，作用于无人直升机的各力绕重心形成的力矩还必须平衡，即总力矩为零。

> **考题模拟**
>
> 6. 无人直升机机体的力和力矩不包括（　　）。
> A. 自身重力　　　　　　　　B. 旋翼桨叶的铰链力矩
> C. 旋翼、尾桨的反扭矩和桨毂力矩　　D. 升力、尾桨拉力和空气阻力

2. 性能

平飞性能主要包括经济速度、有利速度、最大速度、最小速度和平飞速度范围。这些性能指标可以通过平飞功率曲线来确定，如图 5-21 所示。

(1) 最大速度 v_{max}　最大速度是指无人直升机在发动机的额定功率下平飞所能达到的最快速度。这一速度对应于可用功率曲线与所需功率曲线在右侧的交点，如图 5-21 所示。当无人直升机的平飞速度超过此速度时，所需功率将超过可用功率，因此无人直升机无法以大于最大速度的状态保持平飞。

(2) 有利速度 v_{md}　有利速度也称最小阻力速度，是指剩余功率 ΔN 最大时对应的速度，如图 5-21 所示。一般来说，无人直升机以有利速度平飞时，航程最远。

(3) 经济速度 v_{mp}　经济速度也称最小功率速度（巡航速度），是指所需功率最小时对应的速度，如图

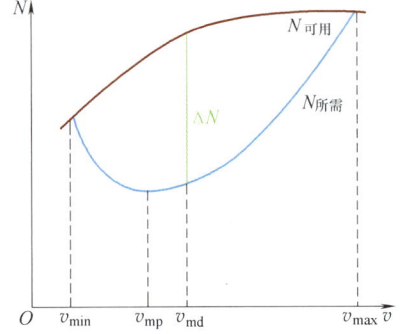

图 5-21　无人机直升机平飞功率曲线

5-21 所示。一般来说，无人直升机以经济速度平飞时，燃油消耗最少，航时最长。同时，由此速度进行爬升，剩余功率最大，可以获得最大的爬升率。

(4) 最小速度 v_{min}　最小速度是指在静升限以上某一定高度上，无人直升机使用额定功率所能保持的最小飞行速度。这一速度对应于可用功率曲线与所需功率曲线在左侧的交点，如图 5-21 所示。

(5) 平飞速度范围　平飞速度范围是指从最小平飞速度到最大平飞速度的范围。在此区间内无人直升机可以使用任一速度保持平飞。平飞速度范围越大，表面无人直升机的平飞性能越好。

5.2.3　无人直升机斜向爬升

无人直升机的斜向爬升性能主要包括最大爬升率、最大爬升速度、爬升时间和爬升最大高度。

1. 最大爬升率

最大爬升率是指无人直升机在某一高度且具有前飞速度时，所能达到的最大上升率。

2. 最大爬升速度

最大爬升速度是指在某一特定高度达到最大上升率时所对应的前飞速度。

3. 爬升时间

爬升时间是指无人直升机在爬升过程中达到某一特定高度所需的时间。

4. 爬升最大高度

爬升最大高度是指无人直升机在带有水平速度爬升时所能达到的最大高度。这个高度也是无人直升机能够维持平飞的最大高度,因此也称动升限。不过这是一个理论值,实际中是达不到的。通常把垂直速度 $v_y=0.5\text{m/s}$ 所对应的高度称为实用动升限,如图 5-22 所示。

5.2.4 无人直升机特殊飞行性能

除了垂直飞行和平飞等常规性能,无人直升机还具有一些特殊飞行性能,如自转性能和地面效应性能。

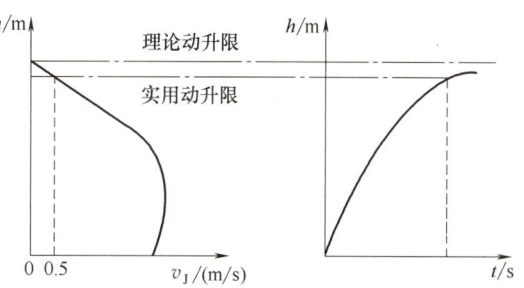

图 5-22 无人机直升机速度和时间与高度的曲线

1. 自转性能

在飞行过程中,如果无人直升机的发动机空中停车,飞控系统会驱动伺服机构迅速减小桨距并做适当操纵,使无人直升机迅速进入定常自转飞行状态(此时作用在无人直升机上的力和力矩都处于平衡且无加速度运动)。这时,发动机不再提供能量,无人直升机通过下降损失位能,而旋翼则在下降过程中从气流中获得能量,以补偿自身阻力,保持稳定旋转并产生升力,实现定常自转下滑。当无人直升机下滑到距地面几十米高度时,飞控系统会采取瞬时增距措施,使升力突然增大,以减小下降率,实现安全着陆。

分析无人直升机的自转性能主要关注安全着陆,即确定最小下降率和最小下滑角。研究表明,最小下降率及最小下滑角分别对应于平飞性能中的经济速度及有利速度。以最小下降率飞行,无人直升机在空中停留的时间最长;以最小下滑角飞行,自转下滑的距离最远。

2. 地面效应

地面效应也称气垫效应,是指无人直升机在接近地面飞行时,旋翼向下排向地面的气流受到地面的阻挡,使无人直升机在功率不变的情况下获得更大升力,同时减少阻力,从而使无人直升机能够在更大的重量条件下悬停的现象。地面效应对无人直升机的起飞和着陆有很大影响。在地面效应范围内,无人直升机可以进行超载起飞,以提高无人直升机的载重能力。当无人直升机进行自转垂直降落时,地面效应能起到减速作用,稍微减慢垂直着陆速度。

影响地面效应的因素主要有离地高度、飞行速度、风和地表环境。在悬停状态下,离地高度越低,地面效应越显著;当离地高度大于或等于旋翼直径时,地面效应基本消失。飞行速度越大,地面效应越小;风速越大,地面效应也越小。

当无人直升机进行近地飞行时,由于地面效应的影响,在保持升力不变的条件下,所需功率会减小,剩余功率增大,悬停升限也会提高;在保持功率不变的条件下,升力会增大。

考题模拟

7. 影响地面效应的因素包括（　　）。
   A. 温度、飞行速度、风速、地表环境　　B. 湿度、飞行速度、风速、地表环境
   C. 高度、飞行速度、风速、地表环境　　D. 温度、湿度、高度
8. 在地面效应区时，可引起无人直升机气动力发生的变化是（　　）。
   A. 升力增大、阻力减小　　B. 升力减小、阻力增大
   C. 升力增大、阻力增大　　D. 升力减小、阻力减小
9. 以下地面效应对飞行性能的影响不正确是（　　）。
   A. 在保持升力不变的条件下所需功率减小
   B. 直升机的有地效悬停升限小于无地效悬停升限
   C. 在保持功率不变的条件下升力会增大
   D. 直升机的有地效悬停升限大于无地效悬停升限

5.3　无人直升机特性

无人机直升机的特性与固定翼无人机特性相同，包括平衡性、稳定性和操纵性。与固定翼无人机相同的内容在这里不再赘述，以下仅讨论与固定翼无人机不同的内容。

5.3.1　无人直升机平衡性

无人机直升机的平衡性分为悬停时的平衡性和平飞时的平衡性。下面主要以单旋翼带尾桨的无人直升机为研究对象，对其进行平衡性分析。

1. 俯仰平衡

当无人直升机处于俯仰平衡时，作用于无人机的各俯仰力矩之和为零。俯仰力矩主要包括旋翼产生的俯仰力矩、水平安定面产生的俯仰力矩以及机身产生的俯仰力矩三种。

（1）旋翼产生的俯仰力矩　旋翼产生的升力对重心的俯仰力矩的大小取决于无人机直升机的重心位置。当重心位于旋翼升力作用线之前时，旋翼会产生下俯力矩（图5-23）；当重心位于旋翼升力作用线之后时，则可能产生上仰力矩。

（2）水平尾翼安定面产生的俯仰力矩　由于水平安定面通常具有负的安装角或翼型向下弯曲，因此水平尾翼产生负升力，从而形成上仰力矩（图5-23）。

（3）机身的俯仰力矩　机身的俯仰力矩的大小和方向与机身的形状和飞行状态有关。一般在悬停和低速度飞行时，机身通常产生上仰力矩，而在高速飞行时则产生下俯力矩。

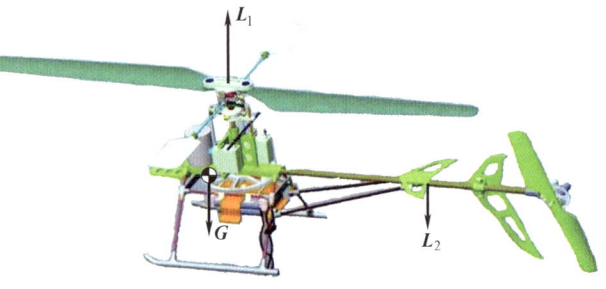

图 5-23　俯仰力矩

无人直升机在悬停或平飞时，要保持俯仰平衡，就必须使下俯力矩等于上仰力矩。

> **考题模拟**

10. 影响无人直升机俯仰平衡的力矩主要是（　　）。
   A. 机身力矩和机翼力矩　　　　　　B. 机翼力矩和垂尾力矩
   C. 旋翼力矩、水平安定面力矩和机身力矩　　D. 机身力矩和水平尾翼力矩

2. 方向平衡

单旋翼无人直升机的偏转力矩主要由旋翼的反扭矩和尾桨拉力形成。当尾桨偏转力矩等于旋翼反扭矩时，单旋翼无人直升机能够保持方向平衡，如图 5-24 所示。

3. 横向平衡

单旋翼无人直升机的滚转力矩主要由尾桨拉力和旋翼升力产生。当左滚转力矩等于右滚转力矩时，单旋翼无人直升机能够保持横向平衡。

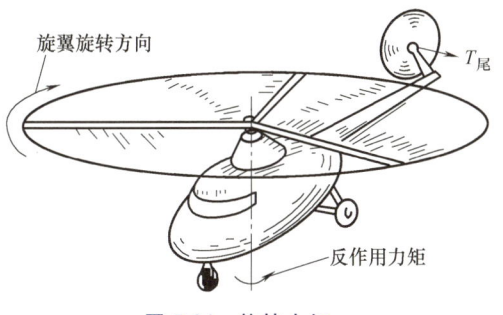

图 5-24　偏转力矩

> **考题模拟**

11. 无人直升机横向平衡中的滚转力矩主要包括（　　）。
   A. 机翼阻力力矩　　B. 尾桨拉力和旋翼升力力矩　　C. 水平尾翼力矩　　D. 机身

5.3.2　无人直升机稳定性

无人直升机的稳定性会随着飞行状态的不同而有所变化。下面主要讨论无人直升机在前飞和悬停时的稳定性。

1. 在前飞时的稳定性

（1）纵向稳定性

1）俯仰稳定力矩。在前飞过程中，作用于无人直升机的俯仰稳定力矩主要由水平安定面产生。当无人直升机因受气流挠动而机头上仰时，水平安定面会产生一个向上的附加升力，对无人直升机产生一个下俯的稳定力矩，使无人直升机趋向于恢复原来的飞行状态，如图 5-25 所示。反之，当无人直升机因受扰动而机头下俯时，水平安定面会产生一个向下的附加升力，对无人直升机产生一个上仰的稳定力矩，使无人直升机趋向于恢复原来的飞行状态。

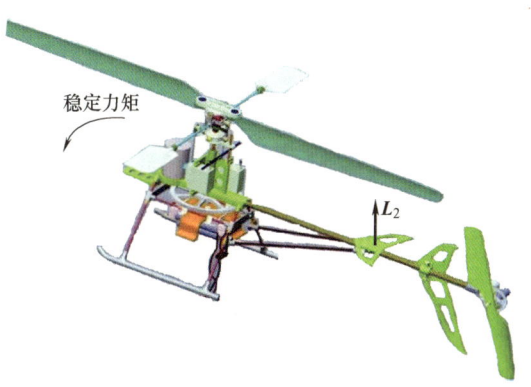

图 5-25　俯仰稳定力矩

2）俯仰阻尼力矩。无人直升机的俯仰阻尼力矩主要由旋翼产生。当无人直升机因受扰动而机头上仰时，由于旋转中的旋翼具有定轴性，旋翼锥体仍力图保持原来的方向，使旋翼锥体轴线相对于重心后移，旋翼升力作用线相对于重心位置的力臂增长，从而产生阻止机头上仰的力矩。同理，当机头下俯时，由于旋翼定轴性的作用，旋翼升力对重心形成阻止机头下俯的力矩。除此之外，水平安定面和机身等也会产生一定的阻尼力矩。在俯仰稳定力矩和阻尼力矩的共同作用下，无人直升机能恢复到原来的平衡状态，因此无人直升机具有俯仰稳定性。

（2）方向稳定性

1）方向稳定力矩。在前飞过程中，无人直升机因受微小扰动而机头右偏时，会出现左侧滑，空气从无人直升机的左前方吹来，作用在尾桨上，产生一个向右的附加侧向力 ΔT_w。此力对无人直升机重心形成一个力矩，使机头左偏，消除侧滑，并使无人直升机趋向于恢复方向平衡状态，此力矩就是方向稳定力矩，如图 5-26 所示。相反，当无人直升机出现右侧滑时，会形成一个使无人直升机向右偏转的方向稳定力矩。

图 5-26 方向稳定力矩

2）方向阻尼力矩。无人直升机的方向阻尼力矩主要由尾桨和机身等产生，产生过程与固定翼无人机类似。

考题模拟

12. 方向阻尼力矩主要由（ ）产生。
   A. 水平尾翼　　B. 垂直尾翼　　C. 尾桨　　D. 旋翼

（3）横向稳定性

1）横向稳定力矩。在前飞行过程中，无人直升机横向稳定力矩主要由旋翼和尾桨产生。

2）横向阻尼力矩。在前飞过程中，当无人直升机因受小扰动而发生左倾斜时，左侧桨叶向下运动，产生向上的相对气流，从而产生向上的附加力；右侧桨叶向上运动，产生向下的相对气流，从而产生向下的附加力。这两个附加力形成横向阻尼力矩，力图阻止无人直升机左滚转，使滚转振幅逐渐减小，最终恢复到原来的平衡状态，如图 5-27 所示。

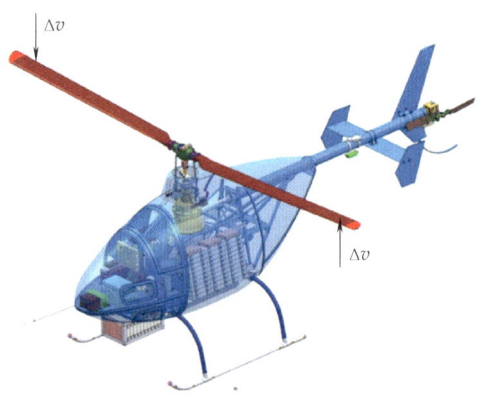

图 5-27 横向阻尼力矩

考题模拟

13. 无人直升机横向阻尼力矩主要由（ ）产生。
   A. 尾翼　　B. 桨叶　　C. 机身　　D. 机翼

第5章 无人直升机的飞行性能及其特性

由于无人直升机的结构和运动特点，其横向稳定性相对较差，同时方向稳定性和俯仰稳定性都比固定翼无人机差很多。

2. 在悬停时的稳定性

在悬停状态下，无人直升机的飞行速度为零，此时水平安定面和尾桨都无法产生稳定力矩。因此，无人直升机在悬停时是不稳定的。

总之，无人直升机的稳定性较差，特别是在悬停时，会出现不稳定现象。因此，驾驶员必须及时、准确地进行操纵，才能使无人直升机保持稳定。

5.3.3 无人直升机操纵性

无人直升机操纵性

无人直升机的升力是通过旋翼旋转产生的，每一片旋翼桨叶都产生升力，这些升力的合力构成了无人直升机的总升力。同时，旋翼是无人直升机的主要操纵面，通过旋翼的倾斜实现前进、后退和侧飞。通过控制尾桨的拉力大小，可以实现无人直升机的偏转，从而完成转向操作。

因此，无人直升机的主要操纵机构包括周期变距杆、总距杆、脚蹬杆等。

周期变距杆通过操纵线与自动倾斜器连接，通过自动倾斜器实现对旋翼椎体倾斜方向的控制。

总距杆通过操纵线系与自动倾斜器连接，通过自动倾斜器控制所有桨叶的迎角，实现桨叶变距，从而改变旋翼升力的大小。

通常用遥控器（图 5-28）操纵无人直升机。其中，左杆前后移动相当于总距杆上下移动，控制无人直升机的上升或下降；左杆左右移动等同于左右脚蹬操作，控制无人直升机的航向。右杆前后移动等同于周期变距杆前后移动，控制无人直升机的前后移动；右杆左右移动等同于周期变距杆左右移动，控制无人直升机的左右移动。

1. 垂直操纵性

驾驶员向前推遥控器左杆时，总距杆上提，自动倾斜器向上移动，从而增大主旋翼桨叶的桨距角，旋翼总距因此而增大，整个旋翼的升力随之增大；反之，向后拉左杆时，总距杆下推，自动倾斜器向下移动，总距减小，旋翼升力减小，如图 5-29 所示。在实际飞行中，如果升力等于重力，无人直升机将保持悬停；如果升力大于重力，无人直升机将上升；如果拉力小于重力，无人直升机将下降。从功能上看，总距杆的作用类似于固定翼无人机的油门杆。

图 5-28 无人直升机遥控器（美国手）

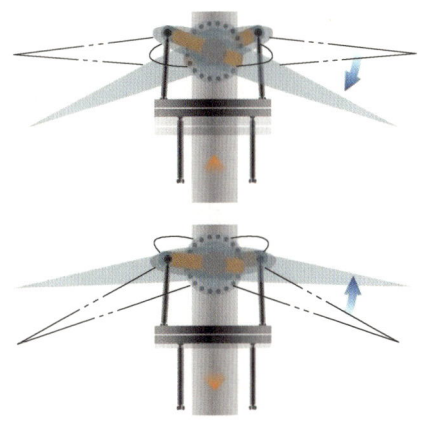

图 5-29 总距控制示意

2. 纵向和横向操纵

对周期变距杆的横向和纵向操纵，通过操纵线系或液压助力装置使自动倾斜器的旋转环和不旋转环一起向相应的方向倾斜，如图 5-30 所示。由于旋转环与桨叶的变距铰之间有固定长度的拉杆相连，因此自动倾斜器的倾斜会导致桨叶的桨距发生周期性变化，使得旋翼空气动力不对称。旋翼锥体将向相应方向倾斜，旋翼的升力矢量方向也随之倾斜，从而实现对无人直升机横向和纵向飞行的操纵。

图 5-30　周期变距控制示意

当遥控器右杆向前推时，周期变距杆偏离中立位置向前，旋翼锥体向前倾斜，升力的向前分量为无人直升机向前飞行提供推力（图 5-31a）；当遥控器右杆向后拉时，周期变距杆偏离中立位置向后，旋翼锥体向后倾斜，升力的向后分量为无人直升机向后飞行提供推力（图 5-31b）；当遥控器右杆向右推时，周期变距杆偏离中立位置向右，旋翼锥体向右倾斜，升力的向右分量使无人机直升机向右倾斜并向右侧运动（图 5-31c）；当遥控器右杆向左推时，周期变距杆偏离中立位置向左，旋翼锥体向左倾斜，升力的向左分量使无人机直升机向左倾斜并向左侧运动（图 5-31d）。

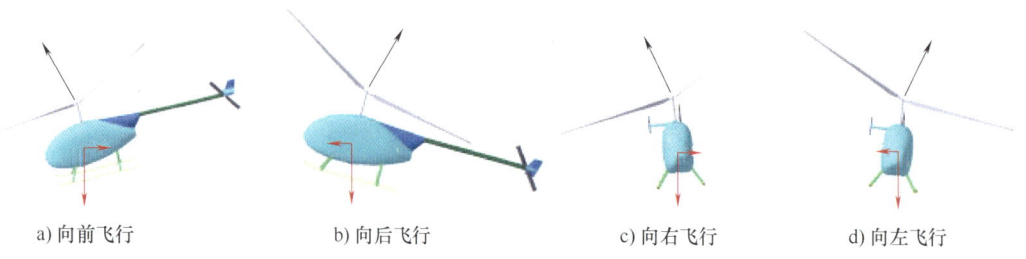

a) 向前飞行　　　b) 向后飞行　　　c) 向右飞行　　　d) 向左飞行

图 5-31　无人直升机飞行状态

3. 方向操纵性

对脚蹬杆的操纵，通过操纵线与尾桨连接，实现对尾桨的变距，控制尾桨桨叶的桨距，从而改变尾桨的"拉力"或"推力"，如图 5-32 所示。当向右推遥控器左杆时，类似于用右脚踩下脚蹬杆，尾桨所产生的向右侧的推力变小。此时，尾桨的扭矩小于主旋翼反扭矩，向右的合扭矩将推动无人机直升机产生向右的偏航运动，如图 5-32a 所示。相反，当向左推遥控器左杆时，类似于用左脚踩下脚蹬杆，尾桨所产生的向右侧的推力变大。此时，尾桨的扭矩大于主旋翼反扭矩，向左的合扭矩将推动无人机直升机产生向左的偏航运动，如图 5-32c 所示。从这一点上看，脚蹬杆的功能类似于固定翼无人机的方向舵。

第5章　无人直升机的飞行性能及其特性

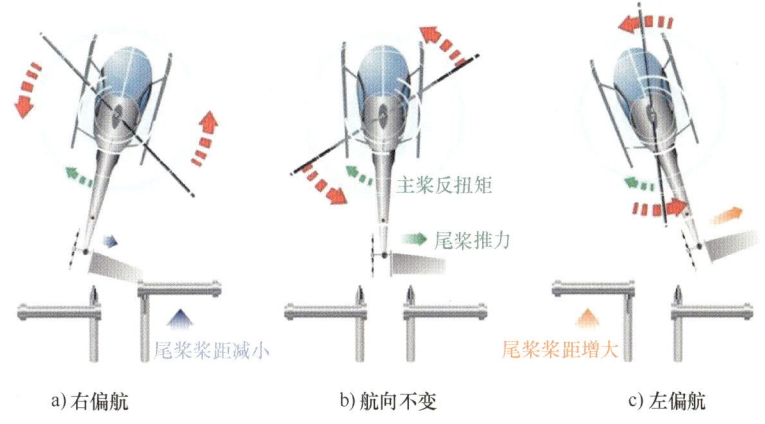

a) 右偏航　　　　　　　b) 航向不变　　　　　　　c) 左偏航

图 5-32　无人直升机尾桨控制示意

考题模拟

14. 直升机的操纵不包括（　　）。
 A. 总距操纵　　　B. 周期变距操纵　　　C. 副翼操纵　　　D. 脚蹬杆操纵

无人直升机在改变飞行状态时，操纵总距杆、周期变距杆、脚蹬杆等部件中的任何一项，都需要同时相应地操纵其他两项。这是无人直升机操纵的一个主要特点，称为操纵动作的协调性。

例如，当上提总距杆（向前推遥控器左杆）时，旋翼升力增大，同时反扭矩也增大，对于沿顺时针方向旋转（俯视）的旋翼来说，其反扭矩会使机头左偏。为了保持无人直升机的方向，必须相应地蹬右脚蹬（向右压遥控器左杆）。但在蹬右脚蹬后，尾桨拉力形成的左滚转力矩会增大，为了保持横向力矩平衡，还需要向右压驾驶杆（向右压遥控器右杆）。

再如，向前推驾驶杆（遥控器右杆）时，旋翼升力向前倾斜。为了确保升力的垂直分量不小于直升机的重力，防止高度下降，还需要向上提总距杆（向前推遥控器左杆）。但上提总距杆后，旋翼的反扭矩增大，会使机头左偏，因此又需要蹬右脚蹬以保持方向。

综上，在操纵无人直升机时，各操纵动作要密切配合、协调一致，才能保持稳定的飞行状态。

考题模拟

15. 小型无人直升机的操纵系统（　　）。
 A. 总距、纵向、横向及航向操纵通道相互独立。
 B. 总距与航向、纵向操纵运动协调工作，横向操纵通道独立。
 C. 总距与航向、横向操纵运动协调工作，纵向操纵通道独立。
 D. 纵向与航向、横向操纵运动协调工作，总距操纵通道独立。

思考题

1. 无人直升机主旋翼主要由哪几部分组成？
2. 说明桨叶角、来流角及迎角的含义，并简述它们之间的关系。
3. 无人直升机的桨毂主要有几种？主要区别是什么？
4. 简述自动倾斜器的结构和工作原理。
5. 无人直升机在飞行中受到的外力主要有哪些？
6. 说明无人直升机平飞中经济速度、有利速度、最大速度、最小速度的含义。
7. 什么是地面效应？影响地面效应的因素主要有哪些？
8. 俯仰力矩主要由无人直升机哪部分产生？
9. 无人直升机稳定力矩和阻尼力矩分别由哪部分产生？
10. 简述无人直升机垂直操纵性。

考题模拟答案

1. B　2. A　3. C　4. C　5. C　6. B　7. C　8. A　9. B　10. C　11. B　12. C　13. B　14. C　15. A

第6章 多旋翼无人机的飞行性能及其特性

本章知识点思维导图

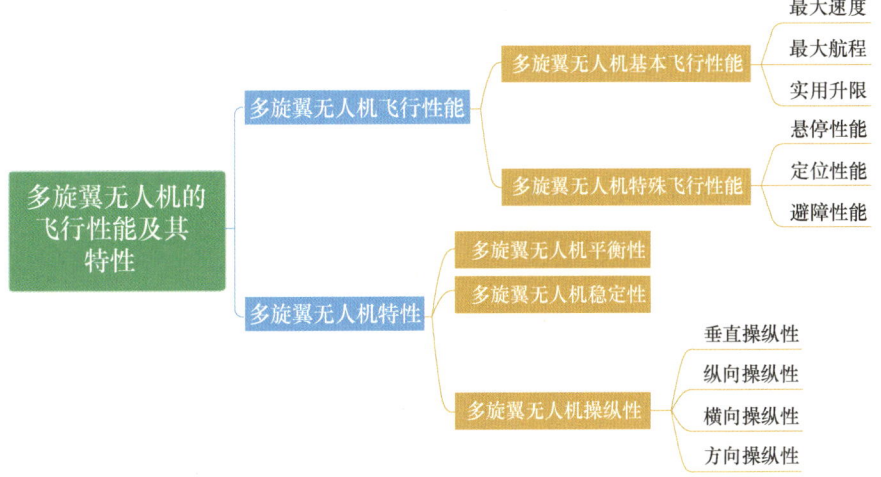

学习目标

1. 素养目标

1）具有深厚的爱国情怀和民族自豪感。
2）具有刻苦钻研和创新精神。
3）具有勇于奋斗、积极乐观的品质。
4）具有创新、创业精神和创业能力。
5）具有团队合作意识。

2. 能力目标

1）具有分析问题和解决问题的能力。
2）具有探究学习和合作学习的能力。
3）具有良好的语言表达和沟通能力。
4）能够进行简单的图文展示。
5）能够遵守无人机法律法规。
6）能够操纵多旋翼无人机。

3. 知识目标

1) 充分理解多旋翼无人机的最大速度、最大航程和实用升限性能的含义。
2) 掌握多旋翼无人机的悬停性能、定位性能和避障性能。
3) 了解多旋翼无人机的悬停性能、定位性能和避障性能的影响因素。
4) 掌握多旋翼无人机的平衡性、稳定性和操纵性。

知识引入

多旋翼无人机诞生于21世纪初，它依靠旋翼为无人机的飞行提供升力和推进力。旋翼和轮子一样，是一项伟大的发明。在喷气式飞机发明之前，旋翼一直是人类飞天梦想的重要支撑。时至今日，很多飞机采用旋翼设计，而多旋翼无人机更是化作航拍机，满足了许多人对天空的向往。玩过竹蜻蜓的同学都知道，当双手的搓动使竹蜻蜓获得旋转速度后，就会产生升力，让竹蜻蜓起飞。同理，多旋翼无人机由电动机驱动螺旋桨旋转，产生升力，从而实现飞行。

2023年11月19日上午，陆军第三届无人机专业定向培养军士技能竞赛在陆军工程大学军械士官学校正式开赛。承担陆军无人机专业定向培养军士任务的多所院校组建了20支参赛队，百余名队员展开了为期两天的激烈角逐。竞赛课目设置按照"理论基础、专业技能、作战运用"三个模块展开，综合考察参赛队员的专业知识技能、实战条件下的组织指挥、技能运用和协同配合能力。竞赛遵循"战味更浓、对抗更强、难度更高、组织更严"的原则，参照军队院校教学大纲和部队军事训练大纲，遴选典型课目，组织竞赛考核，全面检验人才培养成效，考验队员对无人机构造原理、系统组装调试以及飞行精准操控的掌握程度。本次竞赛彰显了我国科技兴国、技能强国的发展理念。未来，无人机专业应当坚持立德树人、德技并修，做到以赛促教、以赛促改、以赛促建，不断深化无人机专业教育教学改革，努力为国家培养更多高素质的无人机专业技能技术人才。

根据航空器的结构特点可知，多旋翼无人机和无人直升机都属于旋翼无人机。无人直升机通常配备1个或2个主旋翼，而多旋翼无人机的旋翼一般不少于3个。因此，多旋翼无人机的飞行性能（如静升限、航程、续航时间等）与无人直升机相似，此处不再赘述，仅介绍多旋翼无人机与无人直升机不同的性能特点。

6.1 多旋翼无人机飞行性能

本节主要介绍多旋翼无人机在基本飞行性能（如垂直飞行性能、水平飞行性能、上升飞行性能）及特殊飞行性能中与无人直升机不同的性能参数。

6.1.1 多旋翼无人机基本飞行性能

1. 最大速度

最大速度包括最大上升速度、最大下降速度和最大平飞速度。

1) 最大上升速度是指按照产品设计中推荐的爬升方式，无人机在单位时间内沿垂直方向所能上升的最大高度。

2）最大下降速度是指按照产品设计中推荐的下降方式，无人机在单位时间内沿垂直方向所能下降的最大高度。

3）最大平飞速度是指按照产品设计中推荐的飞行高度，无人机所能达到的最大水平飞行速度。

目前，多旋翼无人机的最大垂直上升速度和最大垂直下降速度均在 5 m/s 以内，最大水平飞行速度在 28 m/s 以内。随着技术水平的提升，这些飞行速度均会有进一步提高，同时对飞行控制系统和动力系统等将提出更高的要求。

2. 最大航程

最大航程是指按照制造商提供的产品设计（产品规范）中规定的最大续航时间和推荐的飞行状态，无人机所能安全飞行的最远距离。

3. 实用升限

实用升限是指按照产品规范（或用户使用说明）中规定的飞行状态下等速爬升时，爬升率略大于某一给定值时所对应的飞行高度。

6.1.2 多旋翼无人机特殊飞行性能

1. 悬停性能

多旋翼无人机的悬停性能是指其在空中保持平稳静止状态的能力。悬停性能是多旋翼无人机重要的性能指标之一，尤其在拍摄、勘测、测量、搜索救援等需要精准控制和稳定飞行的应用中至关重要。多旋翼无人机的悬停性能受多种因素影响，主要包括无人机的结构设计、控制算法、传感器精度、负载和外界环境等。一般来说，提高悬停性能可以在结构设计、控制算法以及传感器精度等方面进行优化。

（1）结构设计优化　无人机的结构设计要考虑系统的稳定性、重量、抗风能力、空气动力特性等因素。在材料的选择上，需要兼顾轻量化和硬度要求，例如使用复合材料等。飞行平台的设计要根据任务需求和实际环境条件来确定。轻量化可以减小无人机的惯性，提高悬停响应速度；高强度可以提高结构刚度，减小振动幅度，从而提高悬停稳定性；良好的稳定性可以使无人机在外部扰动的影响下更加稳定。对无人机的结构设计进行优化，可以提高无人机的操纵性和可靠性。

（2）控制算法优化　多旋翼无人机的控制算法是影响悬停性能的关键因素之一。采用高效的控制算法可以使无人机在悬停时更加平稳，减少偏移和抖动，提高悬停精度。无人机的飞行控制算法不仅要能够实现飞行，还需要考虑各种约束条件，例如空域约束、姿态变化约束等。因此，对算法进行优化是非常必要的。

1）动力学模型优化。通过对无人机的动力学特性进行深入研究，可以提高模型的准确性和可靠性。同时，通过对模型进行优化，可以减小模型的误差，提高无人机的控制精度。

2）算法参数调整。通过对 PID 控制算法的参数进行调整，可以使无人机的姿态调整更加准确、稳定。对模型预测控制（MPC）算法的参数进行优化，可以提高无人机的控制精度与航迹跟踪性能。

然而，无人机飞行控制算法仍面临一些挑战。首先，现有的飞行控制算法在复杂环境下的鲁棒性有待提高。因为在实际应用中，无人机常会面临天气变化、风力干扰等复杂环境因素，这对其飞行控制算法的鲁棒性提出了更高要求。

展望未来，无人机飞行控制算法将更加注重自主飞行能力的提升。随着人工智能技术的快速发展，可以考虑引入机器学习与人工智能技术来优化无人机的飞行控制算法。这将使无人机能够更好地感知周围环境、做出智能决策，并自主完成飞行任务。同时，无人机的控制算法将更加精细化和智能化，为各个领域的应用提供更多可能性。

（3）传感器精度优化　传感器是辅助飞控系统感知无人机飞行信息或周边环境信息的设备。在无人机自主精确导航系统中，传感器具有非常重要的作用。通过多传感器信息融合，可以提高无人机的综合性能，改善无人机的控制性能，使之更好地完成任务。高精度的传感器可以提供更加准确的状态反馈，使控制算法更加精确地控制无人机的位置和姿态。

（4）地面效应的影响　在悬停时，离地高度越低，气流受到地面的阻挡作用越强，地面效应也就越显著。一般来说，当旋翼离地高度超过旋翼直径时，地面效应基本消失。在飞行训练中，有地效悬停高度通常为 2~5m，无地效悬停高度通常为 100~150m。地面效应的强弱还与海拔有关：海拔越高，空气密度越小，地面效应随之减弱。一般情况下，无人机在进行大载重飞行时，悬停是很困难的，但若尽量利用地面效应进行临近地面的悬停，由于剩余功率增加，会相对安全。

（5）风的影响

1）逆风悬停。在逆风中悬停时，无人机受风的作用会向后移动。为了保持位置，应向前推杆，操控升降舵，使无人机产生俯角，旋翼前倾，使无人机产生与风速相等的前飞速度。与无风悬停相比，逆风悬停时机头稍低，并且风速越大，机头越低。为保证飞行安全，应避免因机头过低导致的擦地或侧翻。

2）顺风悬停。在顺风中悬停时，无人机受风的作用会向前移动，应向后拉杆，操控升降舵，使得无人机产生仰角，旋翼后倾，使无人机产生与风速相等的后退速度。这样，机头比无风悬停时要高，尾部离地高度降低，并且风速越大，机尾越低。为保证飞行安全，应避免因尾部过低导致的擦地或侧翻。

3）侧风悬停。在侧风悬停时，侧风会使无人机沿风的方向移动，或左移或右移。因此，应向来风的方向压杆，操控副翼舵，或向左压杆，做左滚转运动，以平衡左向来风，或向右压杆，做右滚转运动，以平衡右向来风，最终使无人机保持原位不动。

2. 定位性能

定位性能是多旋翼飞行性能的一项重要指标。目前，大多数无人机采用全球定位系统（GPS）定位技术、超声波定位技术或基于双目视觉的定位技术进行定位。抗干扰性能一方面与定位技术相关，另一方面与飞控算法也有一定关系。多旋翼无人机的定位性能受多种因素影响，提高定位性能可以在导航精度、惯性导航系统、视觉定位和光流定位等方面进行优化。在实际应用中，还需要考虑飞行高度、速度、姿态变化等因素的影响。

（1）导航精度

1）全球定位系统（GPS）是目前最常用的定位系统之一，多旋翼无人机也通常采用GPS实现定位。GPS信号的强弱和精度将直接影响无人机的定位性能。在复杂地形或建筑物密集区域，GPS 信号可能会遭受遮挡或干扰，从而影响无人机的定位精度。GPS 位置数据受到设备性质以及多种地理因素的影响，可能会出现误差，误差通常小于 100ft（30.48m）。卫星原子钟、接收机/处理器、信号延迟、电离层和对流层延迟以及卫星数据发射误差等都会造成小的位置差错或者瞬间失去 GPS 信号。多旋翼无人机在使用 GPS 定位时，最少需要接收 4~5 颗卫星的信号，才能够在飞行中保证基本的安全。GPS 天线应尽量安装在无人机顶部，而链路天线应尽量远离飞控系统和 GPS 天线安装。

2）惯性导航系统（INS）能够测量无人机的速度、加速度和姿态等状态参数，可以在 GPS 信号不稳定或缺失时提供定位支持。INS 的精度将直接影响无人机的定位性能。惯性导航系统的导航精度与地球参数的精度密切相关。高精度的惯性导航系统须用参考椭球来提供地球形状和重力的参数。由于地壳密度不均匀、地形变化等因素，地球各点的参数实际值与通过参考椭球求得的计算值之间往往存在差异，并且这种差异还带有随机性，这种现象称为重力异常。目前正在研制的重力梯度仪能够对重力场进行实时测量，提供地球参数，从而解决重力异常问题。

（2）视觉定位和光流定位　无人机的视觉定位和光流定位是两种不同的定位技术。

视觉定位主要依赖于图像处理和视觉算法，通过使用嵌入在无人机上的相机或其他传感器，对周围环境进行感知，并提取关键的视觉特征，例如地标、纹理等，从而确定无人机的位置和姿态。

光流定位是基于光流原理，通过对连续帧图像中像素点的运动进行分析，估计在水平和垂直方向上的速度，从而推算出其位置信息。

在适用场景上，视觉定位在开放空间以及缺乏特定纹理或地标的复杂环境中具有优势，可以利用图像处理算法检测和跟踪目标，即使没有明显的地标也能完成精确定位。而光流定位适用于室内场景或低空飞行时，但对于高速运动或大规模场景的定位可能会受到限制，因为光流在这些情况下容易产生累积误差。

在精度和稳定性上，视觉定位可以提供较高的定位精度，尤其是在有明显可识别特征的场景中，它可以通过同时使用多个传感器和算法来提高定位的准确性和稳定性。而光流定位的精度相对较低，容易受到光照条件、纹理特征的质量以及速度的影响。

3. 避障性能

避障能力是指按照产品设计（产品规范）中规定的避障方式，遇到外界阻碍时具备中断原有运动执行躲避障碍物的功能。它是多旋翼无人机特有的飞行性能之一，也是其安全性能的重要指标。避障性能的主要衡量指标包括障碍物的大小、躲避障碍物的反应时间、反应距离和躲避维度。

无人机避障的实现是通过将探测所得数据导入自身避障模块，经过计算机运算得出避障飞行的指令。在避障模块相同的情况下，探测到的信息就对避障效果起到了决定性影响。探测到障碍物后，无人机有三种常见的避障处理方法。

1）暂停或结束飞行，比如悬停、返航或降落。
2）规划绕障，根据预先设定的航线绕开。
3）自主绕障，飞控系统根据障碍自主修改航线。

多旋翼无人机的避障性能受多种因素影响，主要包括传感器、算法、飞行控制系统和环境因素。在实际应用中，还需要根据不同场景的特点进行适当调整和优化，以保证无人机的安全飞行和任务执行能力。

（1）传感器　避障需要依靠传感器来感知周围环境，目前常用的传感器包括超声波传感器、红外线传感器、视觉传感器、激光传感器等。不同的传感器具有不同的测量范围、精度和反应时间，会影响无人机的避障性能。

1）超声波避障。当无人机加装定向的超声波发射和接收器，再将其接入飞控系统，便可实现超声波避障。超声波避障系统不会受到光线、粉尘、烟雾干扰。如果物体表面反射超声波能力不足，避障系统的有效性就会降低。比如毛毯等材料会导致超声波的反射和接收出现问题。

2）红外避障。采用三角测距原理，测距仪发出红外线后，碰到反射物被反射回来，再根据从发出到接收的时间与红外线的传播速度计算距离。红外测距的优点是成本低、使用方便、安全，缺点是精度低、测距距离短、方向性差。

3）视觉避障。类似于双眼目测距离的原理，用两个角度的摄像机获取物体的不同视角，通过三角测量法计算与物体之间的距离。视觉避障的优点是省电、适用于光线充足的环境；缺点是算法复杂、延迟性高，并且不适用于昏暗或光线变化多的情况，辨识度很大程度上取决于物件的反光特性。

4）激光避障。原理与红外线避障类似，透过光线折返的时间去计算与物体之间的距离，生成三维景深图。激光避障的优点是探测距离远、扫描速度快、抗光干扰性强，但是具有准确度有限及体积过大的缺点。

（2）算法　无人机中的避障算法的基本原理是通过传感器获取环境信息，并根据这些信息进行距离估计和障碍物检测，然后根据检测结果制订飞行路径，以确保无人机避开障碍物。算法的复杂度和实时性对无人机的避障性能有很大的影响。目前已经有多种无人机避障算法在实际应用中得到了验证，并取得了一定的成效。

1）基于激光雷达的避障方法。该方法通过激光雷达获取环境中的障碍物信息，并使用路径规划算法确定安全路径，以避开障碍物。该算法广泛应用于无人机自主飞行、航拍、农业植保等领域。

2）基于视觉算法的避障方法。该方法主要利用摄像头捕获的图像信息，通过图像处理和分析识别出障碍物，并根据识别结果调整无人机的飞行路径。该算法在无人机航拍、物流配送等领域有广泛应用。

3）基于深度学习的避障方法。通过训练神经网络模型，使其能够根据传感器数据判断障碍物的位置和类型，并根据预测结果制订避障策略。该方法在无人机自主飞行、环境监测等领域有潜在应用。

（3）飞行控制系统　无人机的飞行主要通过飞控系统控制底层的各个模块。无人机的底层控制主要可以分为四类：位置控制、姿态控制、控制分配以及电动机混控器控制。飞控系统内部控制流程如图6-1所示。优秀的飞行控制系统可以显著提高无人机的避障性能。

（4）外界环境因素　环境因素包括飞行高度、天气、光照等，会影响传感器的测量精度和无人机的飞行特性，从而影响无人机的避障性能。在某些特定环境下，避障性能会明显下降，例如高反射性表面（水面）、特别暗或亮的环境、光线频繁变化的环境、由高度重复图案组成的表面（瓷砖）、吸音表面（地毯）、靠近运动物体（海鸥）等。

第6章 多旋翼无人机的飞行性能及其特性

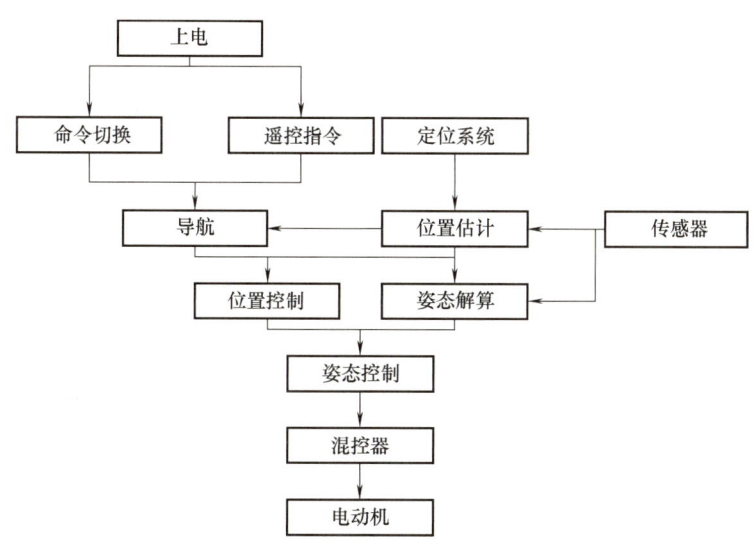

图 6-1 飞控系统内部控制流程

6.2 多旋翼无人机特性

多旋翼无人机的特性主要包括平衡性、稳定性和操纵性。与传统单旋翼无人直升机不同，多旋翼无人机取消操纵系统中的自动倾斜器，只能通过改变各旋翼的转速来改变升力大小，而不是通过调整旋翼的角度来改变升力。因此，多旋翼无人机的平衡性、稳定性和操纵性与无人直升机有许多不同之处，具体如下。

6.2.1 多旋翼无人机平衡性

多旋翼无人机的重量全部由旋翼产生的拉力来平衡，同时，各旋翼自身产生的力矩也是由彼此之间的相互作用来平衡的。特别是旋翼产生的反扭矩是通过对角线上两旋翼旋转方向相同、相邻旋翼旋转方向相反的方式实现的，如图6-2所示。因此，目前，最常用的多旋翼无人机布局形式除了四轴，还有六轴和八轴，如图6-3所示。

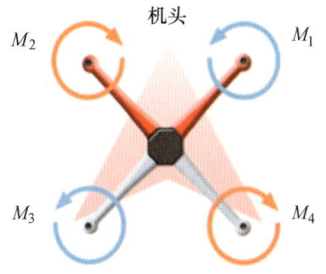

图 6-2 四旋翼无人机力矩平衡

多旋翼无人机平衡性

但多旋翼无人机通过改变各旋翼的转速来改变升力大小，从而实现姿态控制，这一过程需要高精准的同步协调，因此多旋翼无人机本质上是一个不稳定的系统。作为一种非线性、欠驱动系统，旋翼无人机很难通过人工操控，需要使用自动控制器来控制飞行姿态。

考题模拟

1. 俯视多旋翼无人机的旋翼旋转方向一般为（　　）。
A. 沿顺时针方向
B. 沿逆时针方向
C. 对角线上两旋翼旋转方向相同及相邻旋翼旋转方向相反
D. 以上都可以

2. 以下关于多旋翼无人机的反扭矩说法不正确的是（　　）。
A. 单个旋翼的反扭矩会迫使多旋翼飞行器向旋翼旋转的反方向偏转
B. 单个旋翼反扭矩的大小取决于电动机转速
C. 多旋翼无人机的俯仰运动通过改变各个旋翼的反扭矩来实现
D. 多旋翼无人机的反扭矩通过旋翼两两互相平衡

6.2.2　多旋翼无人机稳定性

无人直升机通过安装水平安定面和尾桨来增强其在飞行中的稳定性，但在悬停状态下，其稳定性相对较差。相比之下，多旋翼无人机由于没有安装水平安定面和尾桨，因此多旋翼无人机自身稳定性更差，需要人工干预或飞行控制系统的介入，才能尽快恢复到原来的状态。飞行控制系统性能是衡量多旋翼无人机自稳性能的重要指标。

6.2.3　多旋翼无人机操纵性

多旋翼无人机在空间的六个自由度（垂直、俯仰、横滚、偏航、前后和左右）的控制都可以通过调节不同电动机的转速来实现。下面以遥控系统（美国手）为例，介绍四旋翼无人机操纵过程。

1. 垂直操纵性

1）上升：向前推遥控器左杆，同时增加四个电动机的输出功率，螺旋桨转速增大，使得总的升力增大。当总升力 L 足以克服整机的重量 G 时，四旋翼无人机便离地垂直上升，如图 6-3 所示。

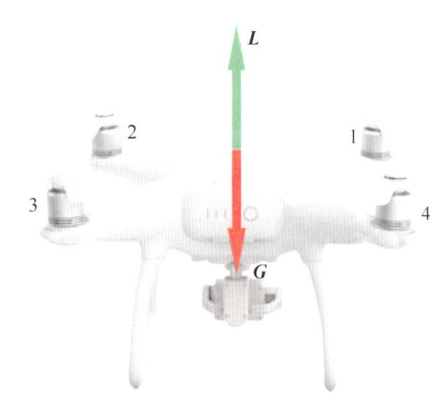

图 6-3　垂直操控示意

2）下降：向后拉遥控器左杆，同时减小四个电动机的输出功率，螺旋桨转速降低，四旋翼无人机则垂直下降，直至平衡落地，实现了沿 z 轴的垂直运动。

3）悬停：当外界扰动量为零时，在螺旋桨产生的升力等于四旋翼无人机的自重时，四旋翼无人机便保持悬停状态。四个螺旋桨转速同步增大或减小是保证回旋翼无人机做垂直运动的关键。

考题模拟

3．多旋翼无人机要实现垂直上升运动，则（　　）。
A．所有旋翼同时加速　　　　　　B．所有旋翼同时减速
C．对角上电动机加速　　　　　　D．对角上电动机减速

4．多旋翼无人机在稳定垂直上升时，所有旋翼的反扭之和（　　）。
A．增加　　　　B．减小　　　　C．不变　　　　D．为零

2. 纵向操纵性

1）前进：当多旋翼无人机在空中悬停时，向前推遥控器右杆，1 号和 2 号电动机同时减速，而 3 号和 4 号电动机同时加速。这会使多旋翼无人机向前倾斜（做俯运动），合升力 L 就会产生向前的分量 L_x，此分量推动多旋翼无人机向前运动，如图 6-4 所示。

2）后退：向后拉遥控器右杆，1 号和 2 号电动机同时加速，而 3 号和 4 号电动机同时减速。这会使多旋翼无人机向后倾斜（做仰运动），合升力就会产生向后的分量，此分量推动多旋翼无人机向后运动。

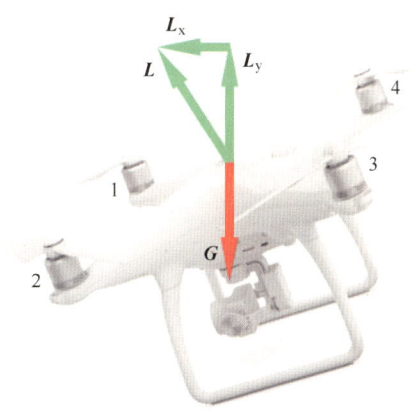

图 6-4　纵向操控示意

考题模拟

5．悬停状态下的四旋翼无人机要实现向后运动，则（　　）。
A．纵轴右侧的螺旋桨减速，纵轴左侧的螺旋桨加速
B．纵轴右侧的螺旋桨加速，纵轴左侧的螺旋桨减速
C．横轴前侧的螺旋桨加速，横轴后侧的螺旋桨减速
D．横轴前侧的螺旋桨减速，横轴后侧的螺旋桨加速

3. 横向操纵性

1）左转：当多旋翼无人机在空中悬停时，向左推遥控器右杆，2 号和 3 号电动机同时减速，而 1 号和 4 号电动机同时加速，从而使多旋翼无人机向左倾斜（发生左滚转），合升力 L 就会产生向左的分量 L_z，此分力推动多旋翼无人机向左运动，如图 6-5 所示。

2）右转：向右拉遥控器右杆，2 号和 3 号电动机同时加速，而 1 号和 4 号电动机同时减速，从而使多旋翼无人机向右倾斜（发生右滚转），合升力就会产生向右的分量，此分量推动多旋翼无人机向右运动。

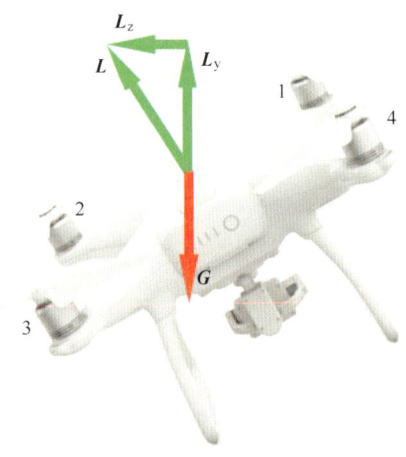

图 6-5 横向操控示意

6. 悬停状态的四旋翼无人机要实现向左运动,则( )。
   A. 纵轴右侧的螺旋桨减速,纵轴左侧的螺旋桨加速
   B. 纵轴右侧的螺旋桨加速,纵轴左侧的螺旋桨减速
   C. 横轴前侧的螺旋桨加速,横轴后侧的螺旋桨减速
   D. 横轴前侧的螺旋桨减速,横轴后侧的螺旋桨加速

4. 方向操纵性

多旋翼无人机的偏航运动可以借助螺旋桨产生的反扭矩来实现。在螺旋桨转动过程中,由于空气阻力的作用,会产生一个与转动方向相反的反扭矩。为了克服反扭矩的影响,通常会在四个螺旋桨中设计两个正转,两个反转,并且对角线上的螺旋桨转动方向相同。反扭矩的大小与螺旋桨的转速密切相关。当四个电动机转速完全相同时,四个螺旋桨产生的反扭矩相互平衡,四旋翼无人机不会发生转动;当四个电动机转速不完全相同时,不平衡的反扭矩就会引起四旋翼无人机的转动。

具体来说,当向左推动遥控器左杆时,1 号和 3 号电动机的转速会减小,2 号和 4 号电动机的转速会增大。此时,螺旋桨 2 和螺旋桨 4 对机身产生的沿逆时针方向的反扭矩 M_{24} 大于螺旋桨 1 和螺旋桨 3 对机身产生的沿顺时针方向的反扭矩 M_{13}。机身在富余反扭矩的作用下绕 z 轴转动,实现四旋翼无人机的左偏航运动,如图 6-6 所示。

当向右推动遥控器左杆时,1 号和 3 号电动机的转速增大,2 号和 4 号电动机的转速减小,螺旋桨 1 和螺旋桨 3 对机身产生的反扭矩 M_{13} 大于螺旋桨 2 和螺旋桨 4 对机身产生的反扭矩 M_{24},机身在富余反扭矩的作用下绕 z 轴转动,实现四旋翼无人机的右偏航运动。

第6章　多旋翼无人机的飞行性能及其特性

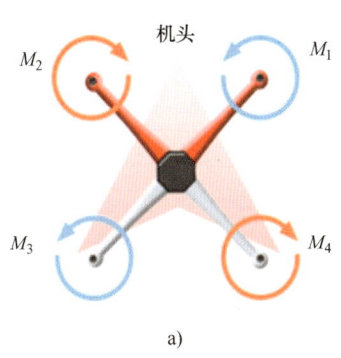
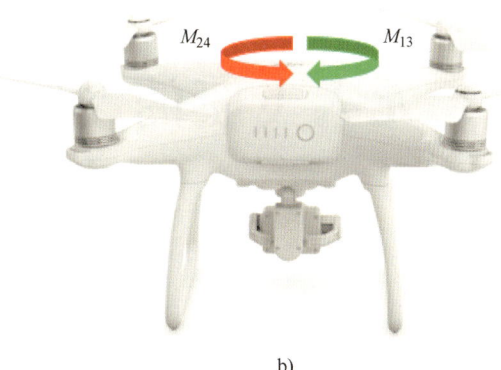

a)　　　　　　　　　　　　　　　　b)

图 6-6　方向操控示意

考题模拟

7. 操纵四旋翼无人机改变其航向时（　　）。
A. 相邻的两个桨加速，另外两个桨减速　　B. 对角线的两个桨加速，另外两个桨减速
C. 四个桨均加速　　D. 四个桨均减速

8. 多旋翼无人机的旋翼（　　）。
A. 只起升力面的作用　　B. 只是纵、横向和航向的操纵面
C. 只是纵和横向的操纵面　　D. 既是升力面，又是纵、横向和航向的操纵面

思考题

1. 多旋翼无人机的最大速度是什么？
2. 避障性能是什么？主要衡量指标有哪些？
3. 简述多旋翼无人机飞行原理。
4. 多旋翼无人机是怎么实现旋翼反扭矩平衡的？
5. 简述四旋翼无人机操纵过程。

考题模拟答案

1. C　2. C　3. A　4. D　5. C　6. B　7. B　8. D

第7章 无人飞艇的飞行性能及其特性

本章知识点思维导图

学习目标

1. 素养目标

1）了解无人飞艇操作的安全规范和风险因素，始终遵循安全操作规程，确保飞艇的操控安全和任务的顺利完成。

2）能熟练操作无人飞艇，根据实际情况制订和实施飞行计划，完成各项任务。

3）无人飞艇的操控和任务执行通常需要多人协作完成，因此需要具备良好的团队协作

第7章　无人飞艇的飞行性能及其特性

能力，能够与其他成员有效沟通、协调配合。

4）通过学习和实践，能够发现问题并提出改进建议，具备一定的创新思维和创新能力。

2. 能力目标

1）掌握无人飞艇的飞行控制系统，能够熟练地控制无人飞艇的起飞、巡航、降落等飞行动作。

2）了解无人飞艇的导航定位系统，能够根据任务要求进行准确的导航定位。

3）通过学习无人飞艇的相关理论，如空气动力学、导航学、控制理论等，具备扎实的理论基础，能够理解并分析无人飞艇的工作原理和性能特点。

4）具备对无人飞艇常见故障的判断和处理能力，能够及时发现并解决无人飞艇运行中的问题，保障飞艇的安全和稳定运行。

3. 知识目标

1）掌握无人飞艇的工作原理、气动特性、结构组成等方面的知识。

2）掌握无人飞艇导航定位的基本原理和方法，如 GPS、北斗、惯性导航等。

3）了解无人飞艇的飞行控制系统组成和工作原理，如姿态控制、速度控制、高度控制等。

4）了解无人飞艇的任务载荷种类和用途，如航拍设备、通信中继设备、探测设备等。

知识引入

飞艇作为承载人类飞行梦想的伙伴，已然伴随我们走过了将近两个世纪。尽管其间它曾因受到材料、工艺等技术的限制而历经艰辛，甚至陷入低谷，但随着现代材料、能源、电子科技的发展以及一系列关键技术的突破，其复兴已然在望。与此同时，能源危机也为飞艇的再度崛起提供了契机。现代飞艇在交通运输、环境监测、高空遥感、通信及电视转播、空中预警和反潜等方面皆具有巨大的应用空间。特别是平流层定点平台（平流层飞艇）以及大型载重飞艇概念的提出，无疑为飞艇的发展赋予了新的动力。

2022 年 10 月，重庆首个搭载 5G 基站的无人飞艇试飞成功。该飞艇直径达 6m，载重 13kg，搭载通信、摄像、环境监测等多种设备，最大设计升空高度为 300m，使用了惰性气体——氦气填充，无污染且安全性高，驻空时间可达七天以上，远高于一般无人机 3h 左右的驻空时间，具有"驻空时间长、无噪音、能耗低、载重量大"的特点。

据重庆移动高级专家方东旭介绍："该无人机飞艇可在半小时内部署升空。在大风、暴雨等极端天气的影响下，能快速构建灾区与外界的通信保障网。借助高空优势，其搭载的空气质量检测、气象监测设备等检测装置，可实现对灾区大范围气象环境、水质以及森林火灾的监测。飞艇上装配的 360°高清视频摄像设备，可进行全天候视频数据监测，依靠 5G 增强技术，能持续将一线的高清图片和视频及时回传至后端救援部门。此外，飞艇上配备扩音、照明、高清红外设备，在夜间、大雾、森林等野外搜救场景均可发挥重要作用。"

7.1 无人飞艇概述

7.1.1 无人飞艇概念

飞艇是指有推进装置、可控制飞行的轻于空气的航空器，属于浮空器的一种，也是人类文明史上较早出现的航空器之一。

飞艇与气球类似，都通过充满轻于空气的气体的气囊产生上升浮力。然而，两者的区别在于：气球没有动力装置实现飞行，也没有操纵舵面实施可控飞行，只能随风飘动；飞艇虽然也是靠空气浮力升空，但它配置了发动机、螺旋桨（或其他类推进器）以及操纵面，能够实现有动力推进及可操纵和可控飞行。因此，飞艇的诞生是人类在气球基础上实现浮空飞行的重大进步和突破。

1. 无人飞艇是一种（　　）。
   A. 动力驱动能够操纵的轻于空气航空器
   B. 动力驱动不能够操纵的轻于空气航空器
   C. 动力驱动能够操纵的重于空气航空器
   D. 动力驱动不能够操纵的重于空气航空器

飞艇获得的升力主要来自其内部充满的比空气轻的气体，如氢气和氦气等。然而，充满氢气的飞艇很有可能导致灾难性的火灾，特别是当飞艇接近地面时。这是因为飞艇在下降过程中易燃的氢气可能会频繁且随意地释放，加上与地面接触时还可能引发静电放电，使得飞艇着陆成为一个特别危险的时刻。

现代飞艇的气囊通常使用安全性更高的氦气来提供升力。另外，飞艇上安装的发动机也能为飞艇提供部分升力，但发动机提供的动力主要用于飞艇的水平移动以及为艇载设备供电。因此，相对于现代喷气式飞机来说，飞艇的节能性能更好，对环境的破坏力也更小。

2. 飞艇里最好填充的气体是（　　）。
   A. 氢气　　B. 氧气　　C. 氮气　　D. 氦气

7.1.2 无人飞艇分类

按升空高度的不同，可将飞艇分为对流层飞艇和平流层飞艇；按操纵特点的不同，可将飞艇分为有人驾驶飞艇和无人驾驶飞艇；按照用途的不同，可将无人飞艇分为小型无人飞艇、大型货运飞艇、警用无人飞艇、摄像无人飞艇、航测无人飞艇、地磁探测无人飞艇等。

按结构的不同，可将飞艇分为软式飞艇、半硬式飞艇和硬式飞艇。软式和半硬式飞艇的艇体形状靠气囊内的气体压力维持，要求充气压力始终略大于外界大气压力，故又称压力

第7章 无人飞艇的飞行性能及其特性

飞艇。

1. 软式无人飞艇

软式无人飞艇通常由一个巨大的充满氢气的气囊组成,气囊内部一般布置一前一后两个内充压缩空气的副气囊,用于控制飞艇的高度和俯仰姿态,如图7-1所示。气囊内的压力通常比环境压力高300~500Pa,用来维持整个飞艇的气动外形。飞艇的尾部设有尾翼,用于控制飞艇的姿态。在气囊下部挂载舱体,用于装载货物或人员。软式飞艇的气囊外形依靠内部充压气体的压力来保持。由于结构限制,软式飞艇的艇体不能过大,主要用于小型飞艇。

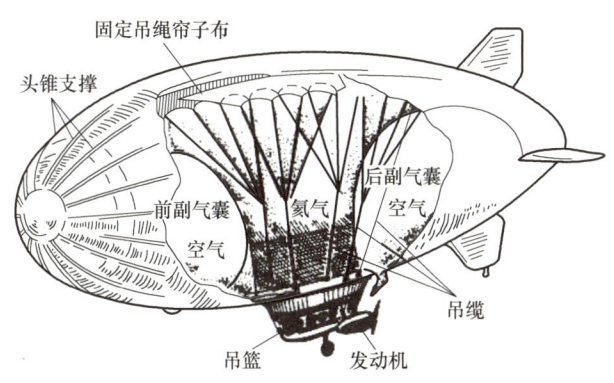

图 7-1 软式无人飞艇

2. 半硬式无人飞艇

半硬式无人飞艇通常由下部的纵向龙骨和连接在上面的压力气囊构成,气囊构造与软式无人飞艇相似。其中,龙骨既为气囊提供一定的强度,又能够悬挂舱体用于携带有效载荷,可以看作是在软式飞艇的基础上增加了用于提升强度的龙骨结构。一般以金属或碳纤维龙骨作为支撑构架,通过充入加压气体获得浮力并保持气囊的外形。这种结构增强了艇体的刚度,使得吊舱、推进装置和系留点与艇体的连接更加方便。

3. 硬式无人飞艇

硬式无人飞艇由金属结构保持主气囊的外形,通过在主体结构内部充入轻于空气的气体来产生无人飞艇所需的浮力。其通常由刚性骨架外罩蒙布或铝制薄皮构成,用于维持飞艇的流线型外形并连接各部件,如图7-2所示。蒙皮本身不需要保证气密性,氢气充在艇身内部分布的许多小气囊中,每个小气囊固定在由隔筐分割的小气室内。众多小气囊的设计可以提高飞艇的抗损性和安全性,即使其中一部分小气囊受损,整个飞艇的浮力也不会完全丧失。这种飞艇通常体积巨大,能够携带较多的人员或货物。第一艘硬式飞艇是由齐伯林设计的,因此硬式飞艇又称齐伯林飞艇,如图7-3所示。

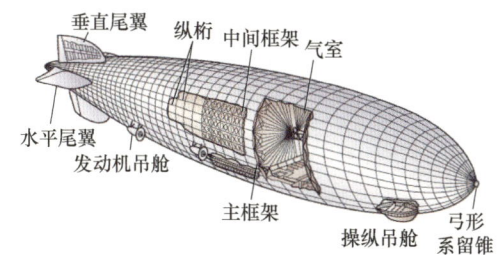

图 7-2 硬式无人飞艇

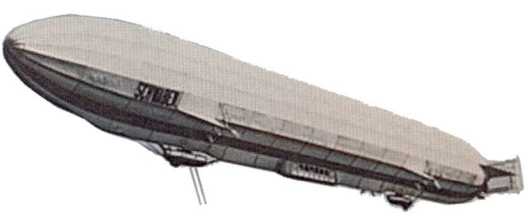

图 7-3 齐伯林飞艇

考题模拟

3. 软式无人飞艇的结构为（　　）。
   A. 艇囊下部有刚性龙骨 B. 艇囊下部内部无刚性龙骨
   C. 外形有刚性龙骨 D. 没有气囊

7.2 现代无人飞艇结构组成

现代无人飞艇大多是软式飞艇，主要由气囊、动力装置、吊舱、尾翼、头部装置、尾部装置、起落架、系留装置和遥控装置等九大部件组成。

7.2.1 气囊

无人飞艇的气囊内充以密度比空气小的气体（如氦气）来产生浮力使飞艇升空。气囊一般具有流线型外形，围绕中心轴旋转而成，旨在减小空气阻力。气囊通常包括主气囊和辅助气囊。

1. 主气囊

主气囊通常由涤纶、聚酯纤维等人造纤维材料编织而成。这些人造纤维材料表面带有涂层，飞艇气囊的涂层材料必须具备抗紫外线和防漏气的特性。主气囊通过胶黏、高频焊接和热气焊接等工艺制造，使其具备一定的抗拉强度和较好的气密性。其外形以水滴状为主。对软式无人飞艇来说，主气囊通常为一个整体空腔，而对半硬式或硬式无人飞艇而言，由于有金属或碳纤维龙骨作为支撑构架，主气囊内部通常被分隔成若干个空腔。

主气囊是整个无人飞艇的主体，其主要功用有以下两方面。
1）填充浮力气体，为无人飞艇提供升力。
2）作为无人飞艇吊舱、尾翼及各种操纵控制装置等的安装载体，构成完整的飞行器结构。

考题模拟

4. 飞艇气囊的作用（　　）。
   A. 为了美观 B. 为了广告面积 C. 做浮空飞行的浮力源 D. 以上都对

2. 辅助气囊

辅助气囊又称副气囊，副气囊置于主气囊内，由带有涂层的碳纤维材料通过高频焊接、热气焊接和胶黏等方式制成。通常主气囊内有前、后两个副气囊，也有单个和多个副气囊的情况。副气囊的主要作用有以下两方面。

1）当大气压力和温度变化时，主气囊内的氦气会随之膨胀或收缩，导致主气囊内压力发生变化。此时，副气囊通过释放和充入空气的方式，使主气囊的压力保持在飞行允许的范围内，并防止氦气泄漏。具体而言，当飞艇下降时，氦气因温度或压力的变化而收缩，空气会被压入副气囊；当飞艇上升时，氦气扩张，空气从副气囊中被挤出，从而维持主气囊内压的稳定，如图7-4所示。

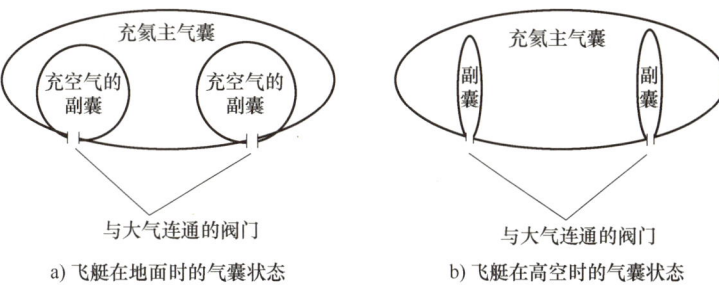

a) 飞艇在地面时的气囊状态　　　b) 飞艇在高空时的气囊状态

图 7-4　气囊

2）通过调节前、后副气囊内的空气容量，可以控制飞艇的高度、平衡姿态和俯仰角。

5. 无人飞艇双副气囊的作用是（　　）。
A. 调节无人飞艇前后平衡　　　　B. 保持艇囊内部压力，防止炸囊，并保持艇型
C. 控制无人飞艇的高度和俯仰姿态　D. 以上都对
6. 对于配备副气囊的无人飞艇，当其从较高高度下降时，副气囊应该（　　）。
A. 放气　　　B. 充气　　　C. 什么都不用做　　　D. 无法确定

7.2.2　动力装置

飞艇的动力装置是其成为航空器的重要标志，它为无人飞艇的起飞、降落及悬停提供动力支持。由于飞艇庞大的主气囊在飞行中会产生巨大的阻力，因此飞艇的飞行速度不会很快。为了克服这种阻力并推动飞艇行进，通常选用螺旋桨活塞发动机。当代无人飞艇通常配置两台或更多的发动机，以提供足够的动力，使无人飞艇于空中维持一定高度，并通过改变螺旋桨的角度来调整飞行方向。

对于软式无人飞艇，发动机通常对称装设在吊舱的两侧，而半硬式或硬式无人飞艇的发动机一般安装于无人飞艇艇身的支撑骨架处。目前，世界各国正积极研发能够改变推力方向的转向发动机，以及利用太阳能等新能源的无人飞艇动力装置。

7. 以下为无人飞艇螺旋桨的主要功用之一的是（　　）。
A. 实现航向控制　　B. 产生扭转力矩　　C. 产生动力　　D. 不确定

7.2.3　吊舱

吊舱位于飞艇下方，是一个舱室结构，包括遥控接收的电气仓、发动机舱和货物舱。它通过缆索悬挂，缆索连接到内部的承重帘幕或气囊外壁。吊舱通常悬挂于主气囊下部，是无人飞艇的任务载荷平台，用于承载设备、货物、燃油，并安装动力装置等。

7.2.4 尾翼

无人飞艇的尾翼类似于飞机的尾翼，分为水平尾翼和垂直尾翼，二者由安定面和活动面组成。水平尾翼的活动面称为升降舵，垂直尾翼的活动面称为方向舵。这些操控舵面与飞机的方向舵与升降舵功能类似，为无人飞艇提供稳定性和操纵性。

无人飞艇尾翼的常见布局形式有"X"形和"Y"形。"X"形由四片尾翼对称安装于气囊尾部（图7-5）；"Y"形由三片尾翼互成120°夹角安装于气囊尾部（图7-6）。

图7-5 "X"形尾翼

图7-6 "Y"形尾翼

考题模拟

8. 无人飞艇后方的方向舵和升降舵统称为（　　）。
A. 尾翼　　　　B. 吊舱　　　　C. 尾巴　　　　D. 推进装置
9. 无人飞艇方向舵失效可能导致无人飞艇（　　）。
A. 无法转向　　B. 无法改变高度　C. 基本没有影响　D. 以上都正确

7.2.5 头部装置

无人飞艇的头部装置由艇锥和撑条两部分组成。艇锥是一个由高强度金属材料制成的圆锥体，锥底设有与撑条连接的耳片，锥头安装有与系留装置配套的锁销和栓口。撑条的外形与主气囊头部的曲率一致，与艇锥相连，位于气囊头部并呈放射状分布。撑条的材料通常选用铝合金和碳纤维，由黏接在主气囊上的撑条套进行固定。头部装置的主要作用是保持主气囊头部的外形，抵抗飞行中的头部风压，并为系留装置提供机械接口。

7.2.6 尾部装置

无人飞艇的尾部装置通过安装或采用补片形式黏接于主气囊尾部，其外形与无人飞艇的艇锥相似，主要功用是安装供地面牵拉的尾绳和尾灯。

7.2.7 起落架

无人飞艇的起落架能够降低着陆时的撞击载荷，便于地面滑行与停放。无人飞艇的起落架样式与飞机起落架类似，但无人飞艇降落时的重量与速度都相对较小，因此无人飞艇的起落架强度比飞机的小很多。飞艇的起落架通常是带万向轮的单起落架，与副起落架在同一纵轴线上，呈"一"字形布局，也有采用万向轮双起落架的，与副起落架构成三角形布局。副起落架一般安装于吊舱前部下方，主要作用是在无人飞艇非正常降落时，防止艇头触地，起到支撑作用。因此，副起落架通常比主起落架短，在无人飞艇正常降落时不会接地。

对于大、中型无人飞艇以及需要具备系留、库外停放、地面机动等功能的无人飞艇来说，多采用三角形起落架。小型无人飞艇和在水上降落的无人飞艇则采用气囊来替代起落架，以实现着陆缓冲。

无人飞艇的起落架由支柱、外筒、撑杆、地面位置锁、限位装置、缓冲绳、缓冲器、机轮等部分构成。

7.2.8 系留装置

无人飞艇的系留装置包括系留杆、位于系留杆顶部的系留头以及与系留头相适配的系留锁。该装置用于稳固近地停放的无人飞艇。当飞艇主气囊头部的系留锁销插入系留锁后，便可达成稳固效果，不过无人飞艇的头部依然能够随风转动。无人飞艇在库外不飞行之时，或在飞行间隔需要短暂停留时，往往采用系留操作。对于无人飞艇系留装置的要求主要有安全可靠，抗风能力强劲；机动灵活、操作便捷，尽量实现机械化。

10. 系留杆的作用是（　　）。
A. 保证飞艇在地面上的安全　　B. 观测风向　　C. 给驾驶员休息　　D. 以上都对

7.2.9 遥控装置

无人飞艇的遥控装置可使其在空中更为稳定地飞行。它主要借助传感器收集并分析空中的数据，依据所获取的数据，及时调整无人飞艇的螺旋桨角度，从而改变飞行方向，确保无人飞艇在空中稳定且安全地飞行。遥控装置主要分为艇载控制设备和地面控制设备。

无人飞艇的艇载控制设备包括GPS接收机、电子罗盘、传感器、摄像系统、导航飞控系统及通信链路设备等，用来实现对无人飞艇的导航和飞行控制。无人飞艇的地面控制设备由遥控器、主控计算机、通信链路设备、显示系统等组成，用于完成对无人飞艇的起飞、着陆及可视范围内的飞行控制。

7.3 无人飞艇飞行原理

固定翼无人机和旋翼无人机主要涉及空气动力学，利用无人机与空气的相对运动产生升力。而无人飞艇的悬停和系留主要涉及空气静力学，只有在前飞或进行飞行控制时才涉及空气动力学。空气静力学关注沉浸在大气中的物体所受到的静态浮力，空气动力学则关注物体与大气产生相对运动时的空气动力。

7.3.1 空气静力学原理

无人飞艇主要依靠浮力来克服重力升空，其浮力大小遵从空气静力学中的阿基米德定律：

$$F = (\rho_a - \rho_h) V g \tag{7-1}$$

式中　F——浮力，N；

　　　ρ_a——大气的密度，kg/m³；

　　　ρ_h——气囊所充气体的密度，kg/m³；

　　　V——气囊体积，m³；

　　　g——重力加速度，m/s²。

在标准海平面（温度为 15℃，气压为 101.325 kPa）条件下，氦气的密度为 0.169 kg/m³，空气的密度为 1.225 kg/m³。由式（7-1）可知，单位体积内无人飞艇气囊产生的浮力约为 10.35 N。由于气囊内氦气的纯度通常达不到 100%，实际上，气囊所产生的浮力约为 9.8 N/m³。因此，无人飞艇的浮力可以通过改变气囊的体积进行调节，从而实现飞艇的上升和下降。例如，对于软式无人飞艇（图 7-1），若要实现无人飞艇高度下降的要求，需要向副气囊泵入空气使其膨胀，从而压缩主气囊并排出部分氦气，减小气囊体积，进而减小净浮力。要实现无人飞艇高度上升的要求，需要让副气囊排出空气使其收缩，从而使主气囊体积膨胀，增大排气体积，进而增大净浮力。

7.3.2　浮力的影响因素

由式（7-1）可知，影响浮力大小的因素主要有大气密度、充气气体的密度和无人飞艇体积。大气密度随着大气压力降低和气温升高而减小；同时，大气压力随着高度增加而减小。因此，影响无人飞艇浮力的主要因素有无人飞艇高度、大气温度和湿度。

1. 高度

随着高度增加，大气压力会降低，大气密度也会减小。因此，无人飞艇在上升过程中，气囊中的氦气不断膨胀，直至气囊被完全充满。通常将气囊完全充满时无人飞艇所在的高度称为压力高度。在压力高度出现之前的上升过程中，尽管无人飞艇的排气体积有所增大，有利于增大浮力，但大气密度的下降会抵消上述浮力增大的作用。因此，在标准大气条件下，无人飞艇的浮力随高度增加而有所减小。当无人飞艇上升至压力高度以上时，由于气囊的排气体积不再增大且大气密度持续降低，无人飞艇的浮力显著减小，直至稳定在浮力与无人飞艇自身重力相平衡的高度上，如图 7-7 所示。

2. 温度和湿度

由图 7-7 可知，在同一高度下，随着温度的升高，无人机飞艇的浮力减小。由于空气的摩尔质量约为 29g/mol，而水蒸气的摩尔质量为 18g/mol，因此大气湿度越大，意味着其密度越低。由式（7-1）可知，在相同排气体积的条件下，大气湿度越大，无人飞艇产生的浮力越小。

7.3.3　空气动力学原理

无人飞艇体积庞大、配备气囊和尾翼，因此在飞行过程中既存在空气升力，也有较大的

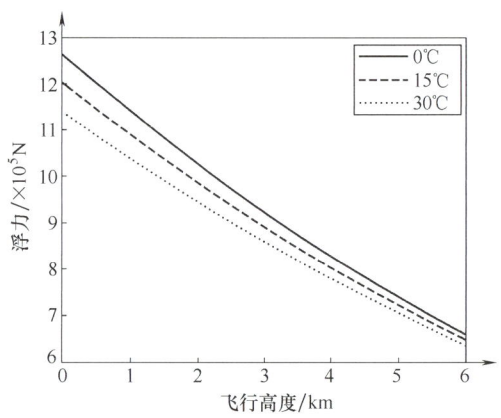

图 7-7　无人飞艇浮力与高度和温度之间的关系

空气阻力,主要表现为压差阻力和摩擦阻力。无人飞艇的升力主要来源于艇身在迎角飞行时上、下表面的压力差和尾翼。虽然此升力与浮力相比微不足道,但其在飞艇姿态控制、稳定性和平衡性方面有着不可替代的作用。

通过风洞试验发现,无人飞艇在迎角为0°时所受的阻力最小,升阻比最大;当迎角为1°~3°时,无人飞艇升力系数的增量略大于阻力系数的增量,升阻比仍然较大;当迎角大于3°时,随着迎角的增大,升力系数的增量较小,但阻力系数的增量较大,升阻比减小。因此,无人飞艇飞行时的迎角范围通常为0°~3°。

7.4 无人飞艇飞行性能和特性

7.4.1 无人飞艇飞行性能

无人飞艇的飞行性能主要取决于其设计、动力系统和任务载荷等因素。

1. 垂起性能和爬升性能

(1) 垂起性能　无人飞艇的垂起是无人飞艇从地面起飞的过程。在此过程中,无人飞艇需克服自身重力和外部阻力,逐步升空。优良的垂起性能要求无人飞艇具备足够的推力与升力,以实现快速、安全地升空。

(2) 爬升性能　爬升性能是指无人飞艇达到安全高度后,继续向上攀升的能力。这一过程需要无人飞艇逐渐增加高度,同时保持稳定与安全。爬升性能的优劣取决于无人飞艇的动力系统、气动性能以及外部环境条件。

2. 前飞性能

前飞性能是指无人飞艇在水平方向上的运动能力,涉及无人飞艇的推进系统、气动外形以及飞行姿态等因素,包括飞艇的巡航速度、最大速度、加速性和航程等指标。优秀的前飞性能要求无人飞艇在设计时充分考虑气动效率和阻力特性,以确保其在水平方向上能够迅速、稳定地移动。

3. 特殊性能

除了上述基本飞行性能外,无人飞艇还具有悬停能力、低速稳定性、抗风能力等特殊性能。例如,悬停能力使无人飞艇可在固定位置保持静止,便于进行定点观测或任务执行;低速稳定性有助于无人飞艇在低速飞行时维持稳定;抗风能力可确保无人飞艇能在不同风力条件下稳定飞行。此外,执行侦察任务的无人飞艇,需要具备良好的隐身性能和光电探测能力;执行通信任务的无人飞艇,需要具有较大的信号覆盖范围和高数据传输速率。

7.4.2 无人飞艇特性

1. 平衡性

平衡性是无人飞艇稳定飞行的关键。无人飞艇在空中的平衡主要依赖于其气动外形以及升力与重力的相对关系。其气动设计需使其在空中具备良好的稳定性,能够在各类风力和飞行状态中维持平衡。无人飞艇常配备自动控制系统,可自动调节升力气体分布,以维系无人飞艇的平衡。专门为其设计的尾翼能通过调整角度来保持飞行的平稳。此外,无人飞艇的控制系统还可通过自动调整升力气体的量来保持平衡。

2. 稳定性

稳定性是无人飞艇的重要特性之一，关乎其在各种飞行条件下的稳定表现。无人飞艇的稳定性主要体现在姿态稳定性和位置稳定性。姿态稳定性主要依靠无人飞艇的气动外形和尾翼的控制来实现，以确保飞艇在遭受外部扰动时能够恢复至原始姿态；位置稳定性主要借助 GPS 和惯性导航系统来实现，保证无人飞艇能精准抵达预定位置。为了获取良好的稳定性，通常给无人飞艇配置先进的传感器和控制算法，能够实时监测并调整无人飞艇的姿态和位置，从而在各种飞行条件下保持稳定。

3. 操作性

无人飞艇的操作性是指对其进行控制和操作的便利性与准确性。无人飞艇一般采用无线电遥控、GPS 导航和自动控制系统来实现远程控制和自主飞行。其操作性涵盖起飞、导航、控制和着陆等方面的能力。与此同时，无人飞艇的自动控制系统能依照预设的程序或任务需求进行自主飞行和任务执行，大幅提升了无人飞艇的效率与可靠性。优良的操作性要求无人飞艇具有易控制、响应迅速、自动化程度高的特性。为提升操作性，现代无人飞艇通常采用先进的遥控技术和自动控制系统，使驾驶员能够在远距离对无人飞艇进行精准控制，并实现自主飞行和任务执行。

7.4.3　无人飞艇飞行操纵

无人飞艇的飞行操纵包括起飞、上升、巡航、空中悬停、着陆和复飞六个部分。其中，巡航和空中悬停可以由自动驾驶系统完成，其他过程需要驾驶员利用无线电遥控设备手动完成。同时，起飞操作和着陆操作需要若干地勤人员配合。

1. 起飞

无人飞艇的起飞操纵是由驾驶员和地勤人员共同完成。在起飞之前，需要对无人飞艇进行起飞前的准备工作，包括称重、配重、设备检查、起动发动机、副气囊供气及无人飞艇俯仰姿态检查。

无人飞艇起飞时要确保前方空间尽量开阔，预留至少 40m 的起飞距离并保证起飞前方 50m 内没有高度大于 15m 以上的障碍物。无人飞艇一般采用迎风起飞的方式。地勤人员将吊舱抬起至胸口高度，同时一名地勤人员抓住无人飞艇尾部，并随风向变化及时调整角度，使无人飞艇始终处于迎风状态。

起飞时，驾驶员将升降舵面操纵杆后拉至最大位置，控制升降舵偏转，以获取更大的空气动升力，达到合适的飞行迎角。同时，无人飞艇驾驶员将发动机油门推到最大位置，地勤扶舱员将无人飞艇抬起，手举吊舱并顺势向上推出。位于无人飞艇尾部的地勤人员将尾部稍向下按后迅速松开。这样，无人飞艇会迅速形成飞行迎角并向前上方飞行。驾驶员目视无人飞艇升空，当无人飞艇上升至约 15m 高度时，驾驶员收发动机油门至额定功率位置，让无人飞艇保持一定的飞行迎角继续上升，完成起飞动作。

2. 上升

无人飞艇完成起飞后，保持飞行迎角并利用浮力和空气动力上升高度。此时发动机油门保持额定功率，观察主气囊压力状态并根据主气囊压力适时调整副气囊的供气。直至无人飞艇上升至巡航高度后停止上升。

第7章 无人飞艇的飞行性能及其特性

3. 巡航

巡航和空中悬停均可由自动驾驶系统完成。无人飞艇在上升至巡航高度后，按照预定的航线进行巡航飞行。此时，收发动机油门至平飞功率，同时将舵面操纵杆推到平飞位置（飞行迎角＝0°），无人飞艇可维持定高定速飞行。

4. 空中悬停

无人飞艇的空中悬停是指相对于地面没有运动。由于无人飞艇通常受到空气流动和大气扰动的影响，因此要实现空中悬停，通常需要矢量推进发动机的配合和自动控制系统不断调整无人飞艇的姿态。除此之外，空中悬停时无人飞艇的头部必须向着来风方向逆风而行，而且其净重必须接近"零净重"状态。

5. 着陆

无人飞艇的着陆技术分为气动着陆和矢量推力着陆。其中，空气着陆主要利用空气动力进行着陆，适用于非矢量推进装置的无人飞艇；矢量推力着陆主要利用矢量动力装置完成着陆，适用于配备矢量发动机的无人飞艇。

要完成无人飞艇的着陆，首先要下降其高度。将无人飞艇的发动机油门调整到降落功率，使无人飞艇减速的同时打开鼓风机向副气囊供气，以保持气囊压力。当高度下降至一定程度时，进一步减小发动机油门，对准预定着陆地点并保持一定的下滑角继续下降高度。在下滑过程中，要保持好无人飞艇的速度和下降率，并对风速和风向的变化做适时调整。

当无人飞艇的高度下降至15m左右时，为了使无人飞艇速度进一步减慢，驾驶员需将发动机油门收至最小位置。当飞艇离地高度为5m左右时，需要将无人飞艇头部拉平，使其退出下滑状态，准备飘落着陆。

当艇绳接地时，地勤人员的着陆接艇工作正式开始。在地勤人员拉住艇绳时，驾驶员关闭无人飞艇的发动机。地勤人员在进行着陆接艇时，地面指挥员应根据近地风速和风向情况选择最佳着陆点。通常情况下，着陆点选择在地勤人员"V"形排列队形开口前10m左右位置。着陆接艇时，地勤人员以"V"形或"人"字形朝向无人飞艇来向排开。当艇绳接地时，拉绳员迅速拉住艇绳，扶舱员上前接住吊舱。所有地勤人员一边随着无人飞艇向前运动，一边尽力对无人飞艇进行减速，直至无人飞艇平稳停落在地面。拉绳员应向后拉绳，使无人飞艇在迎风条件下逐渐减速，切忌向下拉绳，以免使无人飞艇的头部撞向地面。如果无人飞艇在气动着陆时为负净重状态（即整艇重力小于空气浮力），着陆时极易发生飘起现象。此时，地勤人员需全力拉住无人飞艇，防止其飘起。利用矢量推力发动机的无人飞艇能较好地克服负净重状态下的飘起问题。

6. 复飞

复飞是指无人飞艇进入着陆阶段后，由于特殊原因无法完成着陆，需要重新飞起的过程。无人飞艇的复飞包括正常复飞、净重复飞和轻复飞三种。无论哪种复飞，都需要驾驶员重新加大发动机油门来加快速度。

正常复飞是无人飞艇静态重量在0~30kg的情况。执行正常复飞时要求高度不低于5m，驾驶员需将发动机油门柔和地加到最大功率，关闭前副气囊进气开关，打开后副气囊进气开关以获得飞行迎角，调整升降舵，待无人飞艇复飞至越障高度后，执行正常起飞操纵。

净重复飞适用于无人飞艇静态重量在30kg以上的情况。执行净重复飞时，要求高度不低于10m。驾驶员需将发动机油门柔和地加到最大功率，关闭前副气囊进气开关，打开后副气囊进气开关，以获得飞行迎角，调整升降舵，待无人飞艇复飞至越障高度后，执行正常起飞操纵。与正常复飞不同，净重复飞时，当无人飞艇头部处于下俯冲状态时，驾驶员不得加大发动机油门，否则无人飞艇会加速下沉。

轻复飞适用于无人飞艇处于负净重状态的情况。执行轻复飞时，可在任何高度进行。驾驶员只需调整升降舵即可实现无人飞艇的上飘，同时关闭前副气囊进气开关，并柔和地加大发动机油门至巡航功率，待无人飞艇复飞至越障高度后，执行正常起飞操纵。

考题模拟

11. 驾驶员通过对尾翼的操纵，可控制飞艇（　　）。
 A. 爬升或下降高度　　B. 向左或向右转弯　　C. 以上都对　　D. 以上都不对
12. 无人飞艇顺风转弯可能导致（　　）。
 A. 转弯半径增大　　B. 转弯半径减小　　C. 转弯半径不变　　D. 以上都正确
13. 无人飞艇在降落时，假如风速过大，提前关车可能导致无人飞艇（　　）。
 A. 倒退　　　　　　B. 正常降落　　　　C. 前进速度加快　　D. 以上都不正确
14. 无人飞艇准备降落时，如地勤人员未到位，应当（　　）。
 A. 等待其到位再降落　　　　　　　　B. 继续降落，直接降落到地面
 C. 继续降落，直接降落到驾驶员手里　　D. 等待时机

7.5 无人飞艇优势和弊端

7.5.1 无人飞艇优势

1. 留空时间长

无人飞艇相对于无人机的最大优势在于它无与伦比的滞空时间。固定翼和旋翼无人机的飞行时间通常以小时计，而无人飞艇却能在空中停留数天。无人飞艇受天气影响小、能量消耗低、载重量大、安全性能好、振动小，可方便地实现垂直起降、空中悬停和低速飞行。

无人飞艇在空中悄无声息地飞行，还可以安静地悬浮，这些优势使其在执行监视、探测等任务时更具潜力。将其应用于军事探测、通信中转、交通运输、地质勘探、抗险救灾等领域，是无人飞艇的应用热点。因此，现代无人飞艇搭载的传感器和电子设备可以对目标进行持续探测，还能够代替地球同步轨道卫星进行定点工作，从而采集和积累大量信息。

2. 载荷重量大

考虑到火箭的运载能力和卫星的寿命，卫星平台的容量通常较小，无法携带较大的传感器、通信等任务载荷，因此其载荷重量小且类别和功能都十分有限。虽然飞机的容量比卫星大很多，但受发动机动力的限制，仍然不能胜任大型载荷的承载，载荷重量同样不大，功能经常难以满足要求。但无人飞艇依靠空气静升力升空，并能停留空中或平稳飞行，其气囊和艇体都可设计得很大，吊舱能容纳重达几吨乃至几十吨的大型任务载荷。因此，无人飞艇不但载荷功能强大，而且类型多样，容易实现多功能化。

3. 安全性能高

与其他航空器相比，无人飞艇的安全性主要体现在以下几方面。

1）由于无人飞艇重量轻、结构疏松，可采用无金属骨架的软体结构，并且需要的动力很小，因此无人飞艇的外部信号特征（尤其是雷达截面积和红外辐射强度）都很容易通过一定措施降低，从而在一定程度上达到隐身的效果。

2）氦气是一种稀有气体，不可燃。由于无人飞艇气囊中的氦气压力并不是很大，仅需维持其外形即可。因此，即使无人飞艇受到炮火攻击，内部填充的氦气泄漏速度也比较慢，通常有充裕的时间返回基地或着陆，不会立刻导致灾难性后果。

3）先进的制造技术和复杂的控制系统将使类似兴登堡飞艇的惨剧不会重演。目前的技术使得平流层飞艇能够处于20km以上，这一高度已超过了世界上绝大多数作战飞机的攻击高度和地空导弹的射高，因此部署平流层无人飞艇相对安全。

4. 使用成本低

与飞机和卫星不同，无人飞艇的升、降都不需要专门的机场、跑道和发射场，也不需要昂贵的地面控制与导航装置或发射运载火箭。当无人飞艇自身或任务载荷出现故障或需要维护时，可随时回收并在地面上进行，所需人员少、过程简单且经济性好。无人飞艇单位留空时间成本不高，全周期运维费用更低，而且无人飞艇的任务载荷没有空间真空辐射环境或空中高速、高动态工作那样苛刻的制作工艺和质量要求，因此制造成本较低，研发周期也较短。

5. 任务效果好

高空飞艇的留空高度或飞行高度比卫星低得多，比飞机则可高可低，并且任务载荷重量比两者都大，可携带功能更强、种类更多的载荷。无人飞艇可定点悬浮在空中或以远低于飞机的速度安静平稳地飞行。因此，在用于探测和跟踪地面目标时，无人飞艇不仅具有一定的隐蔽性，其稳定性、分辨率和识别能力也都远高于卫星和飞机。更重要的是，无人飞艇能很好地适应地面快速移动目标、空中"低、慢、小"目标和隐身目标的探测，实现长时间连续跟踪和监视，还能避免卫星通信和数据中继时因电离层随机变化而带来的信号质量下降等问题。

6. 部署能力强

卫星要沿固定轨道飞行，一旦发生战争等突发事件，要求卫星飞临战场上空执行任务，可能不得不实施轨道机动或变轨。这不但大大缩短了卫星的寿命，而且需要较长时间。如果采用补网方式，卫星应急发射技术在速度和可靠性方面目前都难以满足要求。但无人飞艇不同，它只需开阔场地即可垂直起降，过程比飞机还要简单。无人飞艇能利用车辆或舰艇等平台快速机动到预定位置后迅速升空，经简单调试即可投入工作。因此，无人飞艇具备突出的反应速度、强大的快速机动部署能力和灵活性，更容易满足作战的实时性和战场变化的需求。

7. 用途广

飞艇可以应用在军事和民用两个领域。在军事领域，无人飞艇的应用非常广泛，包括侦察、监视、侦查、攻击、抢救等。无人飞艇可以在危险地区执行任务，减少人员伤亡风险，同时可以携带各种先进的传感器和武器。无人飞艇能够在其外壳内运载一个巨大的雷达天线到很高的高度，并且能悬停数天，这使它非常适用于战斗监视工作。在海上，无人飞艇可以提供多达 130n mile 的地平线之上的覆盖范围，用于防御非常小的雷达目标，如巡航导弹。

在民用领域，无人飞艇可用于边境巡逻、航拍、电力巡检、交通监管、物流配送、环境监测、灾害救援、中继通信、空中广告飞行等。比如，在发生自然灾害导致通信中断时，可以迅速发射一个浮空器，通过浮空气球搭载通信转发器，在非常短的时间内恢复整个灾区的移动通信。

无人飞艇还可以作为科学观测平台，广泛应用于科学研究领域，包括气象探测、环境研究、地质勘探、生态保护等。无人飞艇可以到达人类难以到达的区域，并携带各种科学仪器进行数据收集和研究。

7.5.2　无人飞艇弊端

1）无人飞艇的导航系统需要多种传感器的数据融合，以提高精度和降低误差。然而，这些传感器可能受到干扰或损坏，导致无人飞艇偏离预定路线或失去控制。

2）无人飞艇的安全性和可靠性还有待提高。无人飞艇可能遭到恶意攻击、破坏或劫持，从而造成财产损失或危害公共安全。

3）无人飞艇的法律和伦理问题尚未明确。无人飞艇可能侵犯他国领空、隐私权或知识产权，从而引发外交纠纷或法律诉讼。

7.5.3　未来无人飞艇发展趋势

从目前国内外无人飞艇发展的现状来看，未来无人飞艇的发展趋势将主要体现在以下方面。

1. 种类多样

随着技术水平的不断提高和军事需求的旺盛，无人飞艇的种类将趋于多样化。除了涉及预警探测、侦察监视、通信中继、空中运输等领域，无人飞艇还将应用于导航定位、电子对抗、反潜探雷等领域，甚至作为发射导弹的平台，用于拦截来袭目标或发射诱饵引偏来袭目标。

2. 外形隐形

一些国家通过优化总体布局设计，采用新式结构和先进蒙皮材料、表面覆盖雷达波吸收材料，减小艇上任务设备的雷达和红外特征等方法，实现了无人飞艇外形的隐形，提高了艇体的隐身性能，增强军用无人飞艇的自身防护能力和战场生存能力。例如美国研制的 HAA 无人飞艇采用了柔韧的多层聚乙烯纤维复合材料，不仅轻便坚固，还可以模糊或减弱无人飞艇自身的特征标记，几乎不能被地面雷达探测到，已经具备了一定程度上的隐身性。

3. 载重量大

飞艇的载重能力正在不断提高，未来有望达到百吨以上。这种超大型载重无人飞艇将能够搭载更多的乘客或大型货物。一旦发生战事，还可以用于远距离空投部队、装备及各类保障设备。

4. 机动性强

采用新型动力设备提高无人飞艇发动机的推力，使之达到直升机的水平，可以有效增强军用无人飞艇的机动性。例如，美国研制的利用离子加速器推进的巨型军用无人飞艇已经可以达到 200km/h 以上的飞行速度，与许多战机的最小飞行速度相当，具有远程奔袭、快速反应和突然打击等能力。

5. 续航时间长

相较于其他航空器，续航时间长是无人飞艇最为明显的优势之一。无人飞艇在空气动力设计方面的不断改进（如采用浮升一体化布局形式等）以及太阳能与燃料电池组合等供电方式的采用，使其续航时间将越来越长。

思考题

1. 什么是无人飞艇？
2. 氢气密度比空气小，为何无人飞艇中不填充氢气？
3. 按结构的不同可将无人飞艇分为哪几种？
4. 无人飞艇一般由哪几部分组成？
5. 简述副气囊的主要作用。
6. 无人飞艇的飞行操纵包括哪几个部分？

考题模拟答案

1. A 2. D 3. B 4. C 5. D 6. B 7. C 8. A 9. A 10. A 11. C 12. A 13. A 14. A

参 考 文 献

[1] 胥郁,李向新. 通用航空概论[M]. 北京:化学工业出版社,2018.
[2] 马高山. 航空概论[M]. 北京:北京航空航天大学出版社,2013.
[3] 王细洋. 航空概论[M]. 北京:航空工业出版社,2004.
[4] 何庆芝. 航空航天概论[M]. 北京:北京航空航天大学出版社,2003.
[5] 李红军. 航空航天概论[M]. 北京:北京航空航天大学出版社,2009.
[6] 贾玉红. 航空航天概论[M]. 北京:北京航空航天大学出版社,2013.
[7] 章健. 航空概论[M]. 北京:国防工业出版社,2017.
[8] 钟伟雄,韦凤. 无人机概论[M]. 北京:清华大学出版社,2019.
[9] 王秉良,鲁嘉华,等. 飞机空气动力学[M]. 北京:清华大学出版社,2013.
[10] 陈康,刘建新. 直升机结构与系统[M]. 北京:清华大学出版社,2016.
[11] 韦加无人机教材编写委员会. 无人机飞行原理[M]. 北京:航空工业出版社,2018.
[12] 于坤林. 无人机概论[M]. 2版. 北京:机械工业出版社,2022.
[13] 周竟赛,冯宇. 无人机概论[M]. 北京:清华大学出版社,2021.
[14] 符长青. 无人机空气动力学与飞行原理[M]. 西安:西北工业大学出版社,2018.
[15] 胡强,朱妮,屈峰,等. 空气动力学与飞行原理[M]. 北京:机械工业出版社,2021.
[16] 亚当·罗斯坦. 无人机时代:即将到来的无人机革命[M]. 王志欣,姚建民,译. 北京:机械工业出版社,2017.
[17] 昂海松,余雄庆. 飞行器先进设计技术[M]. 北京:国防工业出版社,2014.
[18] 刘沛清. 流体力学通论[M]. 北京:科学出版社,2018.
[19] 毛红保,田松,晁爱民. 无人机任务规划[M]. 北京:国防工业出版社,2015.
[20] 王新民. 计算机仿真技术与应用[M]. 西安:西北工业大学出版社,2004.
[21] 杨华保. 飞机原理与构造[M]. 西安:西北工业大学出版社,2002.
[22] 范玉清. 现代飞机制造技术[M]. 北京:北京航空航天大学出版社,2001.